U0123565

# 塞罕坝林草虫鼠害及天敌图鉴

曹亮明　曲良建　国志锋　王小艺　主编

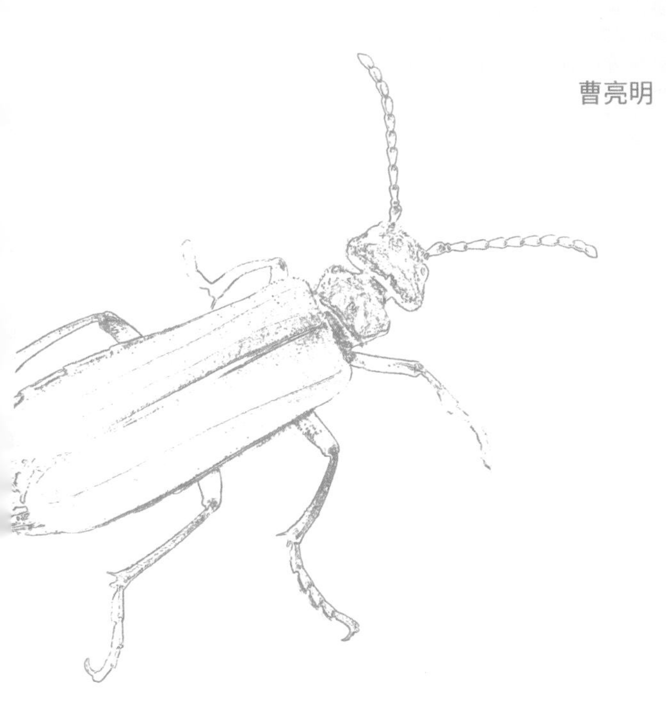

中国林業出版社

**图书在版编目(CIP)数据**

塞罕坝林草虫鼠害及天敌图鉴 / 曹亮明等主编. -- 北京:
中国林业出版社, 2024.3
ISBN 978-7-5219-2643-9

Ⅰ. ①塞… Ⅱ. ①曹… Ⅲ. ①林区－有害动物－围场
满族蒙古族自治县－图集 Ⅳ. ①S763-64

中国国家版本馆CIP数据核字(2024)第050510号

策划编辑：薛瑞琦
责任编辑：薛瑞琦

---

出版发行：中国林业出版社
（100009，北京市西城区刘海胡同 7 号，电话 83143595）
电子邮箱：cfphzbs@163.com
网址：https://www.cfph.net
印刷：河北京平诚乾印刷有限公司
版次：2024 年 3 月第 1 版
印次：2024 年 3 月第 1 次
开本：710mm×1000mm 1/16
印张：17
字数：350 千字
定价：168.00 元

# 《塞罕坝林草虫鼠害及天敌图鉴》

## 编 委 会


顾　问：江泽平　杨忠岐　张永安　赵文霞

主　编：曹亮明　曲良建　国志锋　王小艺

副主编：陈文昱　刘广智　马润国

编　委：（按姓氏笔画排序）

马明月　王　栋　王　梅　王鸿斌

王　越　王　薇　孔德治　司国玉

刘云朋　刘泰宇　刘程林　米冬云

李　双　李国宏　张泽光　张泽辉

张彦龙　赵　岱　姚　刚　党英侨

诸立新　曹天文　韩辉林　谢继宇

魏　可

# 前言 PREFACE

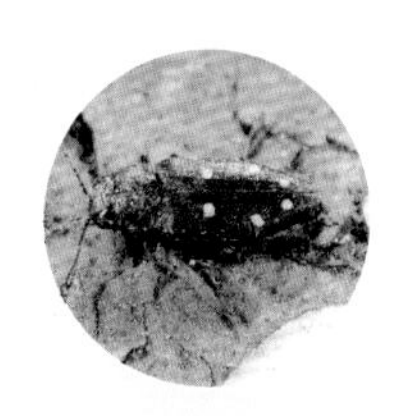

自北京往北约500km，有一处水草丰沛、森林茂密的美丽山岭，蒙语有云“塞罕坝”。清朝之前，塞罕坝就是一处林壑幽深的太古圣境，是清政府皇家园林——木兰围场的核心组成部分。然而自清朝末年至新中国成立前，塞罕坝遭到了巨大的生态破坏，秀美山川也变成了高原沙丘。自20世纪60年代起，三代塞罕坝人用青春和汗水，营造起万顷林海，创造了人类改造自然的伟大创举和人间奇迹。目前，塞罕坝已营造了超过110万亩人工林，成为北半球最大的人工林林场。

塞罕坝位于内蒙古高原的东南缘，是内蒙古高原和冀北山地的交界区域，属于温带半湿润季风气候区。塞罕坝地区年平均气温 -1.2℃，极端最高气温33.4℃，极端最低气温 -43.3℃；冬季漫长而且寒冷，持续230～240天，春秋季节合计约130天，夏季短暂；年均降水量为452.0mm，最大年降水量636.0mm，最小年降水量258.0mm。塞罕坝地区少雨多风，年均5级以上大风天气为68.7天。

塞罕坝是华北物种丰富的地区之一，据已有数据介绍，塞罕坝有植物124科357属625种，其中包括国家I级重点保护植物1种，II级重点保护植物8种；塞罕坝有脊椎动物72科158属256种，其中国家I级保护动物3种，II级保护动物30种；塞罕坝目前有记录昆虫种类600余种，以鳞翅目、鞘翅目、半翅目和双翅目种类最为丰富。这些物种是华北地区针叶林、针阔混交林、阔叶混交林等典型林分的重要构成单元，是我国地理区系古北界重要的组

成部分，具有十分重要的生态保护、科学研究、森林康养等价值，而这些也是塞罕坝人工林面积迅速增加的集中体现。

同时，我们也应该看到塞罕坝人工林多为成片分布且树种单一的人工纯林，这为森林有害生物的大面积发生创造了客观条件。近年来，森林害虫是塞罕坝林场生产中关注和研究最多的类群，每年需要防治的重点对象主要包括以落叶松尺蛾 *Erannis defoliaria* 和落叶松毛虫 *Dendrolimus superans* 为代表的食叶害虫，以及落叶松八齿小蠹 *Ips subelongatus*、多种天牛为代表的蛀干害虫。随着全球气候变暖，那些林区原始分布但并不成灾的昆虫有可能会因为气候变化成为重点害虫。同时，植物病害和鼠兔害也会随着营造大面积的人工纯林逐步加重；然而，我们对当前林区植物病原和有害鼠兔类群还缺乏深入了解。另一方面，当前林场有害生物防治几乎全为单一的化学防治，对自然分布的天敌资源缺乏了解，更未曾利用过天敌资源，这使得一些重点有害生物出现“年年防治、年年暴发”的现象。因此，系统地调查和研究林区有害生物种类，建立有害生物本底数据库，可以更有效地针对那些未来突发性有害生物进行防控；同时，系统地调查林区天敌资源，明确哪些天敌有应用前景，也可为林场有害生物防控提供技术支持。这些基础性研究工作旨在更科学地指导塞罕坝林场作业生产，更好地保护林区生态安全，从而使塞罕坝林区持续高效地发挥其生态屏障的功能。

在前期的塞罕坝昆虫调查的基础上，补充新的影像资料也是本书的初衷之一，通过图片的形式对现有的害虫和天敌种类进行展示，希望能对林业生产有所帮助，同时希望本书对塞罕坝昆虫资源的后续研究有所帮助。本书的昆虫种类鉴定得到了中国林业科学研究院森林生态环境与自然保护研究所杨忠岐教授、东北林业大学韩辉林教授、中

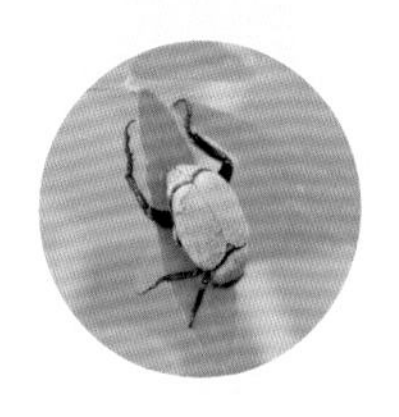

国科学院动物研究所白明研究员、中国农业大学李虎和刘星月教授、滁州学院诸立新教授的大力支持和帮助。同时中国农业大学崔纪翔博士、揭陆兰硕士、申荣荣博士，中国林业科学院森林生态环境与自然保护研究所研究生宋学雨博士、赵吉浩同学在资源调查、标本采集给予了协助。

还要感谢塞罕坝机械林场的安长明、于士涛、李永东、赵立群、杨国林、邹建国、王利东、时辰、孙利革、尹海龙、周建波、李振林、王春风、于贵鹏、周福成、翁玉山、杨春、刘扬、吴松、邵和林、宋彦伟、张泽辉、陈大利等同志的指导和帮助。

本书的编写工作得到了中国林业科学研究院中央级公益性科研院所基本科研业务费专项资金——“塞罕坝森林和草原有害生物调查及天敌多样性研究”（项目编号：CAFYBB2020SY022）的全额资助，特此感谢。

编者

中国林业科学研究院

森林生态环境与自然保护研究所

2023 年 2 月 8 日

# 目录
CONTENTS

## 一 蛀干害虫 Woodborers / 001

## 三 刺吸害虫 Piercing-sucking insect pests / 147

# 一 蛀干害虫

## Woodborers

# 苹果小吉丁 *Agrilus mali* Matsumura

苹果小吉丁又名苹小吉丁、苹果金蛀甲、苹果旋皮虫、苹果串皮虫。成虫体长 6 ~ 9mm。体浅红褐色，有金属光泽，体表密布小刻点和金黄色绒毛。头部短宽，复眼肾形，触角锯齿状，11 节。卵圆形，直径 1mm，新产的卵乳白色，成熟后变为黄褐色。幼虫乳白色，前胸特别宽大，背面和腹面中央各有 1 条下陷纵纹，腹部末端有 1 对黑色尾叉。

以幼虫在枝干韧皮部或木质部越冬，翌年 4 月开始活动，5 月上旬至 6 月上旬为幼虫危害盛期，5 月底开始化蛹，6 月下旬开始羽化。苹果小吉丁在塞罕坝地区危害山丁子 *Malus baccata*，但不严重，部分枝条受害后枯死，未见整株枯死。7 月依然可见成虫于中午时分在山丁子树冠附近活动。

成虫（曹亮明摄）

成虫（千层板分场，曹亮明摄）

成虫（千层板分场，曹亮明摄）

树枝危害状（千层板分场，曹亮明摄）

树皮下危害状（千层板分场，曹亮明摄）

# 白蜡窄吉丁 *Agrilus planipennis* Fairmaire

白蜡窄吉丁又称花曲柳窄吉丁、梣小吉丁。成虫体狭长，楔形，长 9.5 ~ 16.0mm，宽 2.2 ~ 3.8mm。绝大多数通体翠绿色或墨绿色，部分个体鞘翅后半部带棕红色光泽，极少数个体为棕褐色。复眼在触角窝之上。触角细长型，11 节，从第 4 节起为锯齿状，第 1 节最长，明显膨大。鞘翅基部宽于前胸背板，鞘翅基部各具 1 个深凹窝，肩角钝；鞘翅表面无毛斑，密布刻点；鞘翅末端弓形分离，具密齿。

成虫（曹亮明摄）

本种在塞罕坝地区 1 年 1 代，以老熟幼虫在木质部浅层越冬室（次年的蛹室）内越冬。成虫喜光，略具假死性。常在气温较高的晴天活跃在强光下的树冠层叶面上，不停地展翅、飞舞，作短距离飞行。在塞罕坝地区白蜡窄吉丁可见于城郊的人工引种种植的行道树洋白蜡上，本地水曲柳上未见到该虫。

成虫爬出羽化孔（曹亮明摄）

# 松四凹点吉丁 *Anthaxia quadripunctata attavistica* Obenberger

成虫体长 4～8mm。体黑绿色，稍有光泽。头宽是长的 2.6 倍。前胸背板宽为长的 1.8 倍，中央有 2 个凹点。鞘翅表面粗糙，外缘端半部明显扁平。

本种在塞罕坝地区落叶松上常见，7—8 月多见于蒲公英等杂草花朵上。

成虫背面观（曹亮明摄）

成虫（大唤起分场，曹亮明摄）

成虫（大唤起分场，曹亮明摄）

成虫访花（大唤起分场，曹亮明摄）

# 黄斑吉丁 *Buprestis strigosa* Gebler

成虫体长 13～14mm。头褐色。前胸背板和鞘翅底色黑色，有蓝色光泽。鞘翅上共有 8 个不规则的黄色斑；鞘翅有规则的纵沟，沟内有纵刻点行。

本种在塞罕坝地区主要危害落叶松，8 月可见成虫于落叶松倒木上产卵。

成虫（曹亮明摄）

成虫（曹亮明摄）

# 铜色六星吉丁 *Chrysobothris chrysostigma* (Linnaeus)

成虫体中型，粗壮，长卵形。体长6～13mm，宽3.5～4.5mm。体黑色，具深红褐色至铜红色金属光泽。头短，无中凹，头顶铜棕色，具粗刻点。额平，雄性面部亮绿色具金属光泽，具粗刻点和稀疏白色长绒毛。老熟幼虫体长15～21mm，体扁平，前胸膨大，前胸背板上有"V"形纹。

本种在塞罕坝地区世代发生不整齐，7—8月在落叶松上均可见到成虫和大小不一的幼虫。

成虫（曹亮明摄）

幼虫（二道白河分场，曹亮明摄）

成虫（二道白河分场，曹亮明摄）

树皮下危害状(二道白河分场，曹亮明摄)

羽化孔（二道白河分场，曹亮明摄）

# 落叶松吉丁 *Phaenops guttulata* (Gebler)

成虫体长 7～9mm。体黑褐色。头顶中央内凹。前胸背板宽为长的 1.5 倍。鞘翅长为宽的 1.8 倍，表面密布刻点和刻纹，每翅可见 3 个圆点状黄白色斑。

本种在塞罕坝地区 1 年 1 代，幼虫危害落叶松。

成虫（曹亮明摄）

成虫（大唤起分场，曹亮明摄）

鞘翅目 Coleoptera ▸ 天牛科 Cerambycidae

## 栗山天牛 *Massicus raddei* (Blessig & Solsky)

成虫体长 40～60mm，宽 10～15mm。体灰褐色披棕黄色短毛。头部向前倾斜，下颚顶端节末端钝圆，复眼小，眼面较粗大。触角 11 节，近黑色，第 3、4 节端部膨大成瘤状。前胸两侧较圆有皱纹，无侧刺突，背面有许多不规则的横皱纹。鞘翅周缘有细黑边，后缘呈圆弧形，内缘角生尖刺。足细长，密生灰白色毛。

本种在塞罕坝地区 3 年 1 代，跨 4 个年头。幼虫在树干蛀道内越冬。成虫于 7 月上旬开始羽化，7 月下旬为羽化盛期。主要危害蒙古栎。

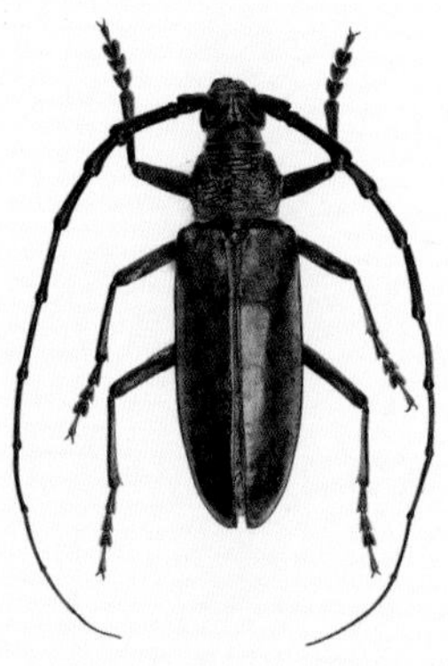

成虫（雄）（曹亮明摄）

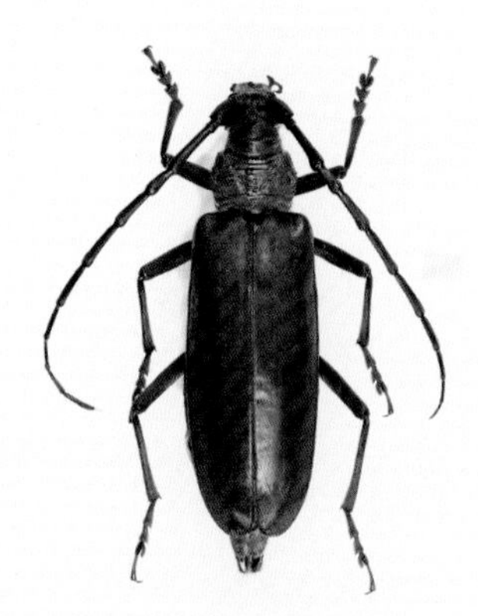

成虫（雌）（曹亮明摄）

鞘翅目 Coleoptera ▸ 天牛科 Cerambycidae

## 双簇污天牛 *Moechotype diphysis* (Pascoe)

雄虫体长 16～20mm，宽 6～8mm；雌虫体长 18～22mm，宽 8～9mm。体黑色，被黑色、灰色、红褐色绒毛。前胸背板及鞘翅有许多瘤状突起，翅瘤突上常被黑色绒毛，淡色绒毛在瘤突间围成不规则形的格子；鞘翅基部 1/5 处各有 1 丛黑色长毛，极为明显。

本种在塞罕坝地区 2 年 1 代。主要危害栎属、栗属植物。

成虫（曹亮明摄）

鞘翅目 Coleoptera ▸ 天牛科 Cerambycidae

## 四点象天牛 *Mesosa myops* (Dalman)

成虫体长 8～15mm，宽 3～6mm。全身被灰色短绒毛，并杂有许多火黄色或金黄色毛斑。前胸背板中央具丝绒般的斑纹4个，每边2个，前后各1个，排成直行，前斑长形，后斑较短，近乎卵圆形，两者之间的距离超过后斑的长度；每个黑斑的左右两边都镶有相当宽的金黄色毛斑。

本种在塞罕坝地区 1 年 1 代，危害栎树的衰弱木。

成虫（曹亮明摄）

成虫（曹亮明摄）

鞘翅目 Coleoptera ▸ 天牛科 Cerambycidae

## 中黑肖亚天牛 *Amarysius altajensis* (Laxmann)

中黑肖亚天牛又称阿尔泰天牛。成虫体长卵圆形。头部短宽，具密且粗糙刻点，雌虫触角向后延伸接近鞘翅末端，雄虫触角为体长的 1.5 倍。前胸背板横宽，两侧弧形，背面观密布粗糙刻点。鞘翅红色，中部具前窄后宽的大黑斑。足完全黑色。

本种在塞罕坝地区 1 年 1 代。成虫 6 月末至 7 月末可见，清晨到中午时分多见于路边杂草上访花、休憩。文献报道其可危害忍冬、锦鸡儿、小叶榆，均为塞罕坝地区可见植物，但未见有大面积危害。

成虫（国志锋摄）

**鞘翅目** Coleoptera ▸ **天牛科** Cerambycidae

# 光肩星天牛 *Anoplophora glabripennis* (Motschulsky)

雌虫体长 22～38mm，宽 8～12mm；雄虫体长 15～29mm，宽 7～10mm。体黑色，带有光泽。头部窄于前胸，从后头至唇基中央有 1 个纵沟，头顶部分最为明显。前胸背板杂有粗糙刻点且有许多不规则横脊线，中部前方有排列成一横行的 4 个棕黄色毛斑；侧刺突基部扩大，刺较短，稍向后弯。鞘翅灰色有光泽，并带有白绒毛组成的白斑且排列规则对称，翅基部平滑无颗粒状突起。

本种在塞罕坝地区 1 年 1 代，7 月可见成虫。主要危害柳树、杨树和榆树，主要分布于海拔较低的城乡结合部行道树及大唤起分场村道两边的行道树。受害木往往枝梢干枯或畸形，甚至植株整个呈秃头状。

卵（曹亮明摄）

幼虫（曹亮明摄）

成虫（曹亮明摄）

**鞘翅目** Coleoptera ▸ **天牛科** Cerambycidae

# 桃红颈天牛 *Aromia bungii* Falderman

成虫体黑色，有光泽。前胸背板红色，背面有4个光滑疣突，具角状侧枝刺。鞘翅翅面光滑，基部比前胸宽，端部渐狭。雄虫触角有两种色型：一种是体黑色发亮和前胸棕红色的“红颈”型；另一种是全体黑色发亮的“黑颈”型，但河北等地只见有“红颈”型。

本种在塞罕坝地区2年1代，7月可见成虫。主要危害山杏、山桃等植物，在调查中过程中可见到成虫在路边的野草、灌木上休憩。

卵（曹亮明摄）

成虫（曹亮明摄）

成虫交配（曹亮明摄）

**鞘翅目** Coleoptera ▸ **天牛科** Cerambycidae

# 松幽天牛 *Asemum amurense* Kraatz

成虫体黑褐色，具灰白色绒毛。前胸背板两侧呈圆形向外伸出，背板中央少许向下凹陷；小盾片长似舌形，黑褐色。鞘翅黑褐色至红褐色，翅面上有5条纵隆起线，以第3条最为明显。老熟幼虫长椭圆形，具红褐色刚毛；前胸背板基部宽，前端有黄色横斑，头部长度短于前胸背板长，头部宽度约为前胸背板宽的1/3。

本种是塞罕坝高海拔地区落叶松林中可见到的蛀干害虫之一，在调查一些晾木场的倒木时发现，松幽天牛常常同一些吉丁类蛀干害虫混合发生，但数量不及吉丁幼虫多。在调查中未在活树上发现松幽天牛。

幼虫（曹亮明摄）

成虫（曹亮明摄）

**鞘翅目** Coleoptera ▸ **天牛科** Cerambycidae

# 苜蓿多节天牛 *Agapanthia amureusis* Kraatz

成虫体长 12～20mm。体深蓝色，具金属光泽。触角蓝黑色，自第 3 节起各节基半部具淡灰色绒毛；柄节较长，第 2 节最长，端部具有毛刷状的簇毛。头、胸刻点粗深，每个刻点着生黑色长竖毛。鞘翅狭长，翅端圆形；翅面密布刻点，具半卧黑色短竖毛。

本种在塞罕坝地区常见栖息、活动于林下杂草，飞行能力弱，飞翔距离短，未在塞罕坝地区发现其卵及幼虫。文献报道其寄主植物为苜蓿、刺槐、松、紫菀等植物，在塞罕坝地区均有分布。调查发现 7—8 月其成虫均可见。

成虫（国志锋摄）

成虫（大唤起分场，曹亮明摄）

**鞘翅目** Coleoptera ▸ **天牛科** Cerambycidae

# 杨柳绿虎天牛 *Chlorophorus motschulskyi* (Ganglbauer)

成虫体长 9～13mm。体黑褐色，被灰白色绒毛。体长前胸背板球形，长略大于宽，具粗刻点，除灰白色绒毛外，中部一小块区域因没有灰白色绒毛而形成 1 块黑斑。鞘翅端半部具 2 条灰白色宽横斑，基部沿小盾片及内缘向后外方弯斜成 1 条弧形白色条斑，肩部前后有 2 个小斑。

本种主要危害杨、柳、桦等植物，在塞罕坝地区均有分布。6 月底到 7 月底可见其成虫。

成虫（国志锋摄）

**鞘翅目** Coleoptera ▸ **天牛科** Cerambycidae

# 巨胸脊虎天牛 *Xylotrechus magnicollis* (Fairmaire)

成虫体长7～13mm。体黑色。头近圆形，额有4条纵脊。前胸背板前缘黑色，其余红色，长宽近相等，约与鞘翅等宽，前端稍窄，后端稍宽，两侧缘弧形，表面粗糙，具短横脊。小盾片半圆形，有细刻点，端缘有白色绒毛。鞘翅有淡黄色绒毛斑纹，每翅基缘及基部1/3处各有1条横带，横带靠中缝一端沿中缝彼此相连接，鞘翅端部1/3亦有1条横带，靠中缝处宽，有时沿侧缘向下延伸，端缘有淡黄色绒毛。

本种主要危害槐、栎、榕、柿、五角枫、白桦。

成虫（曹亮明摄）

**鞘翅目** Coleoptera ▸ **天牛科** Cerambycidae

# 槐黑星瘤虎天牛 *Clytobius davidis* (Fairmaire)

成虫体长15～22mm。体黑褐色。头黑色短宽，具粗刻点，两触角基相距较远，雌雄虫触角长短差异不大，第3～5节端部稍膨大，端部4节长圆柱形。前胸背板黑色，具6个黄色小圆斑，沿左右两侧缘分布。鞘翅淡褐色，被稀疏淡黄或白色刚毛，翅面具7个圆形斑点，中部有1个黑色钩状纹。

本种在塞罕坝地区1年1代，主要危害槐、桑、榆、枣等植物。

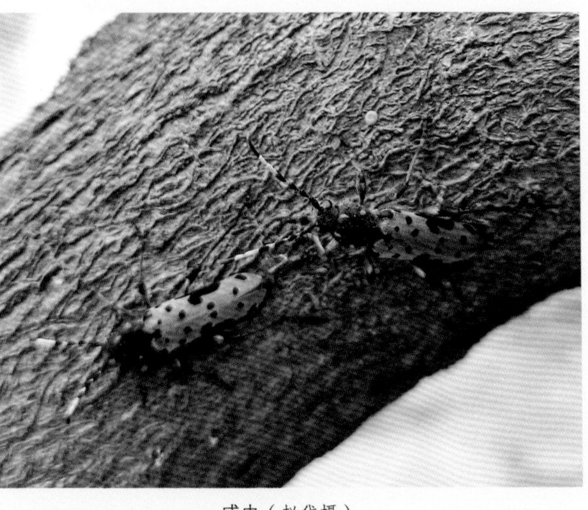

成虫（赵岱摄）

鞘翅目 Coleoptera ▸ 天牛科 Cerambycidae

# 黄胫宽花天牛 *Evodinus bifasciata* (Olivier)

成虫体黑色。触角第 2～4 节、足胫节（除端部）、鞘翅基部 2/3 黄色。鞘翅黄色部分中部各具 1 个圆形黑斑。翅端黑色，中间露出 1 个黄圆斑，有的黄斑消失，使鞘翅中部后方全部黑色。头部额、唇基、前唇基、上唇分界处均有横陷沟，其前缘均隆起，似阶梯状，依次向前渐窄。小盾片三角形，端尖。鞘翅宽，左右相合呈长方形，翅表密被与底色相同的黄色或黑色细毛，密布细浅刻点。

本种在塞罕坝地区 1 年 1 代，6 月末至 7 月中旬可见成虫。

成虫（国志锋摄）

鞘翅目 Coleoptera ▸ 天牛科 Cerambycidae

# 薄翅天牛 *Megopis sinica* White

成虫体长 30～52mm。体红褐色至暗褐色。头密布粗糙颗粒，后头较长，触角 10 节，基部 2 节粗壮，腹面具成排小刺。前胸背板前端狭窄，基部宽阔，呈梯形，端部尖锐，后缘中央两侧稍弯曲。小盾片三角形，后缘圆形。鞘翅红褐色，有 2 或 3 条较清楚的红色纵脊。

本种在塞罕坝地区 2～3 年 1 代，在低海拔地区危害柳树、核桃等。幼虫在树干蛀食危害，蛀道延伸极不规律，内充满粪屑，严重时可致侧枝或整株树木枯死。

成虫（曹亮明摄）

**鞘翅目** Coleoptera ▸ **天牛科** Cerambycidae

# 多带天牛 *Polyzonus fasciatus* (Fabricius)

成虫体长 15 ~ 18mm。头、胸部深绿色至蓝黑色，有光泽。鞘翅蓝黑色，基部具有光泽，中央有 2 条淡黄色横带。触角蓝黑色。足蓝黑色，有光泽。头部具有粗糙刻点和皱纹。侧刺突端锐。鞘翅上被有白色短毛，表面有刻点。体腹面被有银灰色短毛。

本种在塞罕坝地区 2 年 1 代，主要危害柳、栎、桑等植物。

成虫（大唤起分场，曹亮明摄）

**鞘翅目** Coleoptera ▸ **天牛科** Cerambycidae

# 双条杉天牛 *Semanotus bifasciatus* (Motschulsky)

成虫体长 6.1 ~ 13.2mm，宽 2.2 ~ 5.5mm。体黑褐色。雄虫的触角略短于体长，雌虫的为体长的 1/2。前胸两侧弧形，具有淡黄色长毛，前胸背板上有 5 个小瘤突，前面 2 个圆形，后面 3 个尖叶形，排列成梅花状。鞘翅上有 2 条棕黄色或驼色横带，前面的带后缘及后面的带色浅，前带宽约为体长的 1/3，有时横带连成 1 条宽黄色带占据鞘翅 2/3。

本种在塞罕坝地区 2 年 1 代，主要危害杉木。幼虫把木质部表层蛀成弯曲不规则坑道，坑道内填满黄白色粪屑。

成虫（曹亮明摄）

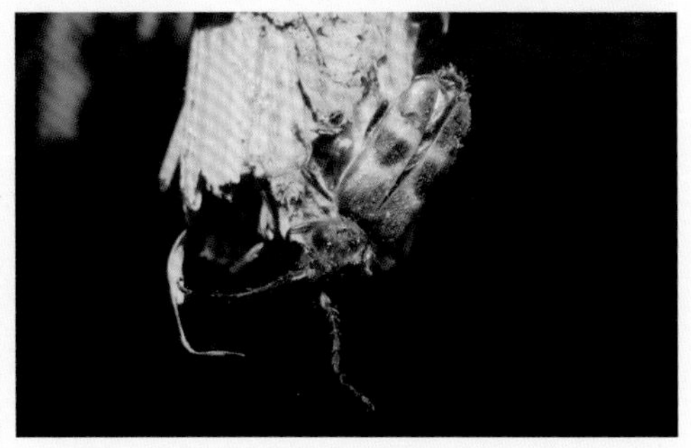

成虫（曹亮明摄）

**鞘翅目** Coleoptera ▸ **天牛科** Cerambycidae

# 栎瘦花天牛 *Strangalia attenuata* (Linnaeus)

成虫体长10～16mm。体黑色。触角第7～11节逐渐变黄，鞘翅多具3对黄色横斑，有时末端具1对模糊不清淡黄斑。腿节、胫节黄色，后足腿节端部黑色，跗节黑褐色。触角细长，雄虫伸达鞘翅端部1/3处，雌虫仅超过鞘翅中部，第3节最长，约近第4节的1.5倍。

本种在塞罕坝地区7月多见于各种植物的花上，有访花行为。幼虫危害栎、桦、椴等植物，塞罕坝地区均有分布。

成虫（国志锋摄）

**鞘翅目** Coleoptera ▸ **天牛科** Cerambycidae

# 麻竖毛天牛 *Thyestilla gebleri* (Faldermann)

成虫体长10～15mm，宽2～4mm。体色变异较大，从灰白色至棕黑色。体表有浓密的细短竖毛。触角各节端部黑褐色。前胸背板中央及两侧共有3条灰白色纵条纹。每鞘翅沿中缝及肩部以下各有1条灰白色纵纹。

本种在塞罕坝地区1年1代，7月成虫多见栖息于路边植物上。幼虫主要危害大麻、苎麻、苘麻等植物。

成虫（国志锋摄）

成虫（国志锋摄）

**鞘翅目** Coleoptera ▸ **天牛科** Cerambycidae

# 黑角伞花天牛 *Stictoleptura succedanea* (Lewis)

成虫体长 18～20mm，宽 5～6mm。体黑色。前胸背板、鞘翅深红色。触角第 5～10 节外端角突出，呈锯齿状；第 3 节触角最长，前胸背板宽大于长，前端狭，侧缘弧圆，后足腿节伸达第 4 腹节后缘，跗节长于胫节，第 1 跗节长等于其余各节之和。

本种在塞罕坝地区 7 月常见于大唤起分场，主要危害榆、松、赤杨。

成虫（张彦龙摄）

**鞘翅目** Coleoptera ▸ **天牛科** Cerambycidae

# 散斑双脊天牛 *Paraglenea soluta* Ganglbauer

成虫体长 15mm。体青绿色，具黑色斑。前胸背板中区两侧各有 1 个圆形黑色斑。鞘翅有 3 个黑色大斑，分别位于翅肩、翅中部及翅亚端部，亚端部黑斑中心有 1 个青绿色眼斑。触角前 2 节具青色斑纹，足青绿色，腿节、胫节基部及端部黑色。

本种在塞罕坝地区 7 月多见于夜晚灯光诱集，主要危害麻、桑、栎等植物。

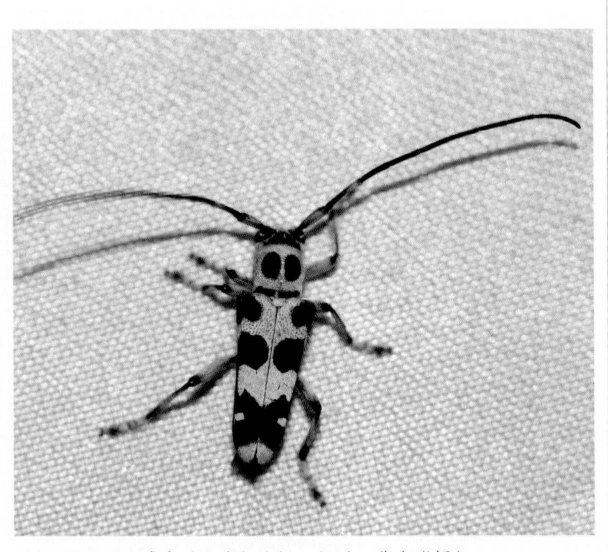

成虫（大唤起分场，灯诱，曹亮明摄）

# 落叶松八齿小蠹 *Ips subelongatus* Motschulsky

大型种类，成虫体长 5～6mm，圆柱形，粗壮。体黑褐色，有光泽。触角锤状，侧面扁平，正面圆形。额具粗颗粒和细绒毛，额无大的瘤起。鞘翅上的刻点清晰，由大而圆的刻点组成，鞘翅末端凹面部两侧各有 4 个齿，其中第 3 个最大。凹面边缘和虫体周缘被较长绒毛。卵椭圆形，白色，长 0.8～1.0mm，微透明，有光泽，分布于雌虫产卵蛀道的一侧。幼虫体长约 5mm，体具刚毛，白色。

本种在塞罕坝地区多 1 年 1 代，5 月下旬至 6 月初为成虫活跃期，开始出蛰、交尾、产卵。主要危害华北落叶松，优先危害砍伐的落叶松木段、衰弱木，其次入侵危害活立木。

成虫（曹亮明摄）

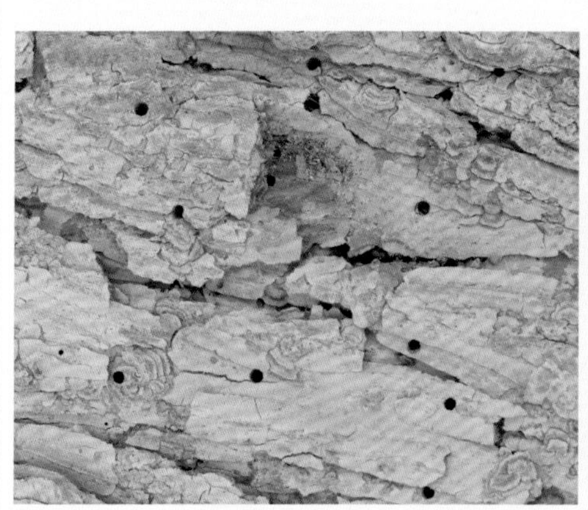

羽化孔（曹亮明摄）

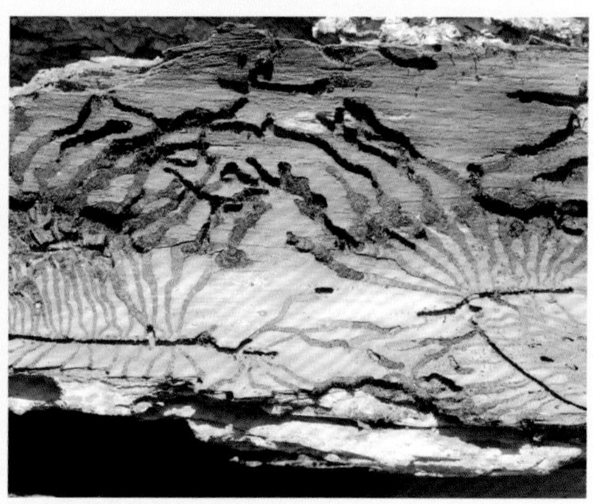

蛀道（曹亮明摄）

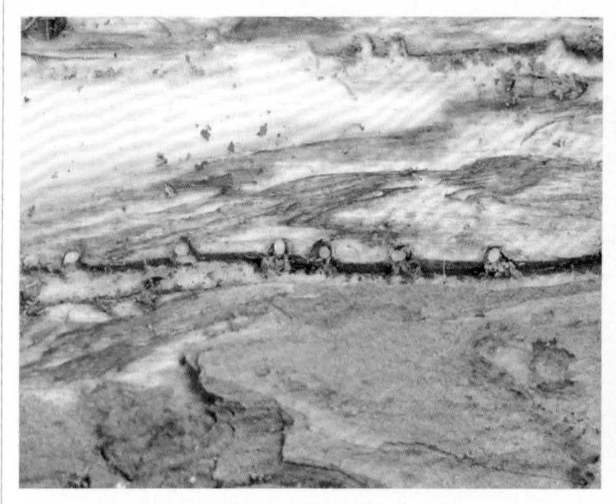

新产卵（曹亮明摄）

成虫危害状（曹亮明摄）

# 白毛树象 *Hylobius albosparsus* Boheman

成虫体长 11 ~ 15mm，长椭圆形。体深褐色。头部背面布满不规则、大小不等的圆形刻点。喙长而粗，略弯。前胸背板宽略大于长，散布深坑，中间两侧各有 1 个大窝；鞘翅深棕色，较前胸宽，上有近长方形的成虚线排列的刻点和金黄色鳞片花纹，形成 3 条不规则的横带。

本种在塞罕坝地区 2 年 1 代，是本地常见的蛀干害虫之一，主要危害落叶松、云杉、油松等针叶树的幼树。成虫啃食嫩枝嫩叶，幼虫钻蛀危害。

幼虫（曹亮明摄）

成虫（大唤起分场，曹亮明摄）

成虫（曹亮明摄）

鞘翅目 Coleoptera ▸ 象甲科 Curculionidae

# 松树皮象 *Hylobius haroldi* (Faust)

成虫体长 8～13mm。体红褐色。触角膝状，着生于喙的端部 1/5 处。复眼小，黑色，位于喙基部。前胸背板两侧中部各有 2 个黄白色斑纹，小盾片也具黄色鳞片花纹；鞘翅 1/3 和 2/3 处有 1 条黄色横带，横带间具"X"形花纹。各腿节端部膨大，具白色刚毛。

本种在塞罕坝地区主要危害落叶松、油松、云杉等针叶树。成虫啃食树皮、嫩枝、嫩叶，幼虫钻蛀危害。

成虫（国志锋摄）

鞘翅目 Coleoptera ▸ 象甲科 Curculionidae

# 黄斑船象 *Anthinobaris dispilota* (Solsky)

成虫体长 5～8mm。体黑色，有金属光泽，具细刻点。头密布细刻点；复眼大，扁平；喙向外弯曲。触角着生于喙端部 1/3 处。前胸具圆形刻点。小盾片略呈圆形，被黄色鳞毛。鞘翅基部和中后部具明显的黄白色斑纹，有时鳞片脱落，黄白纹消失。

本种在塞罕坝地区 7 月多见于榆、栎、蜀葵等植物的花及叶片上。

成虫（千层板分场，曹亮明摄）

鞘翅目 Coleoptera ▸ 象甲科 Curculionidae

## 柞栎象 *Curculio dentipes* (Roelofs)

成虫体长 8.9～13.5mm。体卵圆形，被黄褐色或灰色鳞毛。头半球形，上布满均匀的椭圆形刻点，喙细长约 8.8mm，着生于头前方，圆筒形，中央以前向下弯曲，基部黑褐色，端部赤褐色，有光泽。复眼黑褐色，近圆形，位于喙基部两侧。触角膝状，赤褐色，有光泽，11 节。

本种在塞罕坝地区主要危害栎树的果实，7 月成虫羽化可见，7 月底成虫开始交尾产卵，9 月上中旬为幼虫蛀食危害盛期。成虫有趋光性。

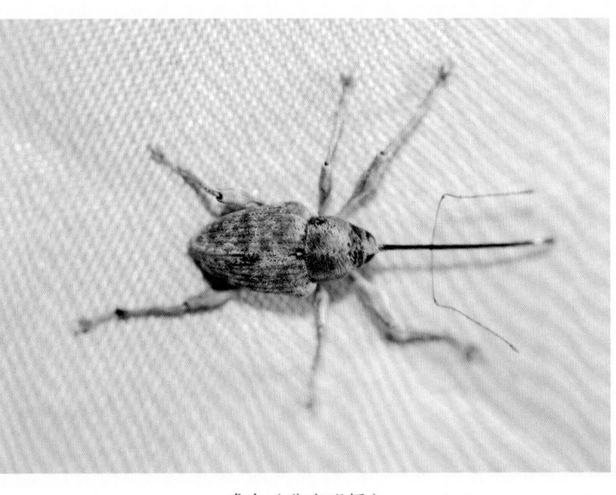

成虫（曹亮明摄）

鞘翅目 Coleoptera ▸ 锹甲科 Lucanidae

## 黄褐前锹甲 *Prosopocolius blanchardi* (Parry)

成虫体长 20～45mm（不含上颚）。体黄褐色至红褐色。头边缘、前胸背板两后角处有 1 个圆形斑、小盾片、鞘翅边缘、腿节和胫节两端、足跗节黑色。具雌雄二型现象，雄虫明显大于雌虫，雄虫上颚发达，向前延伸，前端内侧具小齿。

本种在塞罕坝地区 7 月可见成虫栖于栎、榆等林木伤口处吸食树汁。幼虫在腐烂的朽木中蛀食，故归于蛀干害虫一类。

成虫（曹亮明摄）

鳞翅目 Lepidoptera ▸ 木蠹蛾科 Cossidae

# 多斑豹蠹蛾 *Zeuzera multistrigata* Moore

成虫体长 25～32mm，翅展 50～65mm。体灰白色，头、胸都密被白色短毛。雄虫触角黑色，基半部双栉状，长栉齿的腹面有白毛，端半部锯齿状；雌虫触角丝状白色。前翅底色白，有许多闪蓝光的黑斑点、条纹，中室内、前缘、后缘的斑点稍圆，脉间的条纹稍长、且很密，前翅基部的黑斑很大。后翅白色，斑纹较前翅稍稀。

本种在塞罕坝地区大唤起分场 7 月灯下可见成虫，主要危害杨树。幼虫蛀食皮层和木质部，破坏输导组织，引起枝干枯死，树势衰弱。

成虫（曹亮明摄）

鳞翅目 Lepidoptera ▸ 木蠹蛾科 Cossidae

# 芳香木蠹蛾 *Cossus cossus* (Linnaeus)

成虫体长 24～40mm，翅展 65～80mm。体灰乌色，触角扁线状，头、前胸淡黄色，中后胸、翅、腹部灰乌色，前翅翅面布满呈龟裂状黑色横纹。雄虫触角单栉状，基部栉齿宽窄相等，中部栉齿很宽。

本种在塞罕坝地区大唤起分场 7 月灯下可见成虫，主要危害杨、柳、榆、槐、栎等植物。幼虫蛀食皮层和木质部，破坏输导组织，引起枝干枯死，树势衰弱。

成虫（大唤起分场，灯诱，国志锋摄）

# 小线角木蠹蛾 *Holcocerus insularis* Staudinger

雌虫体长 18～28mm，翅展 36～55mm。体灰褐色，头顶毛丛鼠灰色，胸背部暗红褐色。腹部较长。前翅顶角极为钝圆。翅面密布许多细而碎的条纹；亚外缘线顶端近前缘处呈小“Y”字形，向里延伸为 1 条黑线纹，但变化较大；外横线以内至基角处，翅面均为暗色，缘毛灰色，有明显的暗格纹。

本种在塞罕坝地区主要在城区危害白蜡行道树，6 月于白蜡树干上可见幼虫蛀食产生的大量粪屑，7 月灯下可见成虫。

幼虫（曹亮明摄）

幼虫危害状（曹亮明摄）

成虫（曹亮明摄）

鳞翅目 Lepidoptera ▸ 木蠹蛾科 Cossidae

## 榆木蠹蛾 *Holcocerus vicarius* Walker

成虫体长16～28mm，翅展35～48mm。体灰褐色。触角丝状，前胸后缘具黑褐色毛丛线。前翅灰褐色，满布多条弯曲的黑色横纹，由肩角至中线和由前缘至肘脉间形成深灰色暗区，并有黑色斑纹；后翅较前翅色较暗，腋区和轭区鳞毛较臀区长，横纹不明显。

本种在塞罕坝地区主要危害栎、榆、杨、柳等植物，7月灯下可见成虫。

成虫（曹亮明摄）

膜翅目 Hymenoptera ▸ 树蜂科 Siricidae

## 泰加大树蜂 *Urocerus gigas* (Linnaeus)

成虫体长16～42mm。体圆柱形，黑色且有光泽。头胸部密布刻点，仅颊和眼上区刻点稀疏。触角丝状，22节，深黄色或黄褐色，端部色较深。复眼棕褐色，眼后有2块黄褐色斑。胸部黑色。翅膜质透明，淡黄褐色，翅脉茶褐色。足的基节、转节、腿节黑色，胫节、跗节黄褐色。腹部黑色，但背板第1节后半部，第2、7、8节及角突为深黄色。

本种在塞罕坝地区重要的蛀干害虫之一，主要危害云杉、落叶松的衰弱木及已砍伐置于晾木场的倒木。7月在塞罕坝地区可见到成虫在倒木上飞翔、盘旋及产卵。

成虫（曹亮明摄）

成虫（曹亮明摄）

# 二

# 食叶害虫

## Defoliators

鞘翅目 Coleoptera ▸ 叩甲科 Elateridae

## 泥红槽缝叩甲 *Agrypnus argillaceus* (Solsky)

成虫体长12.5～15.5mm，宽5mm，体狭长。背面被朱红色至红褐色的鳞片状毛。额前缘突出，中部之前略凹陷，散布刻点。触角锯齿状，前胸背板中部最宽，末端角状加宽并明显转向外方；前胸腹板有沟槽，可放置触角；小盾片呈盾状，端部拱出；鞘翅前2/3几乎平行，后1/3收窄，表面有排列成行的粗刻点。

成虫（曹亮明摄）

本种在塞罕坝地区2～3年1代。成虫寿命长，冬季在土壤中越冬，4月下旬出蛰伏，取食华山松、核桃、核桃楸等植物的叶片，交配后卵散产于寄主植物根部附近松软的土壤中。幼虫孵化后钻入土壤中取食寄主植物的根部，幼虫化蛹、羽化均在土壤中完成。

鞘翅目 Coleoptera ▸ 瓢虫科 Coccinellidae

## 菱斑食植瓢虫 *Epilachna insignis* Gorham

成虫体长约10mm。背面红褐色，明显拱起，体被黄白色绒毛。前胸背板上有1块黑色横斑，小盾片颜色稍浅。两鞘翅心形，每枚鞘翅上有7枚黑斑。幼虫椭圆形，黄色，背部密生枝刺状。

本种在塞罕坝地区1年1代，主要取食栎、葫芦科的瓜蒌、丝瓜以及茄科的龙葵、茄等植物，严重时可造成植物减产甚至全株枯死以致绝收。成虫在树皮下、杂草及松软的土壤中越冬，每年初见于5月底至6月初，平时多群聚于叶片背面取食，通常只取食叶片下表面。成虫在受到外部刺激时会分泌黄色臭液。卵通常聚产于叶片背面，孵化后幼虫群聚在叶片背面取食，2龄以后分散单独取食。幼虫5龄后化蛹，蛹通常悬挂在叶片背面，蛹期4～5天。

成虫（曹亮明摄）

鞘翅目 Coleoptera ▸ 芫菁科 Meloidae

## 绿边芫蜻 *Lytta suturella* Motschulsky

头三角形，散布刻点及短毛。额中央具橘黄色椭圆形斑，后头中央具1浅凹陷，后头两侧密布刻点。唇基前半部黄色，中后部黑色。前胸背板倒梯形，中央具1个浅凹陷。鞘翅绿色聚黄色条带，条带宽且长，几乎扩展至整个鞘翅。

本种在塞罕坝地区1年1代，主要取食白蜡树、黄檗、紫穗槐等植物的叶片，严重时植物的大部分叶片被取食，对植物的正常生长造成严重影响。每年5—8月羽化，1龄幼虫行动能力强，孵化后寻找产有蝗虫卵的土洞，随后在洞中转为2龄幼虫。2龄及之后的幼虫阶段均以蝗虫卵为食，冬季以5龄幼虫在此洞中越冬，春季再发育至6龄直至化蛹。

成虫（国志锋摄）

鞘翅目 Coleoptera ▸ 芫菁科 Meloidae

## 变色斑芫菁 *Mylabris variabilis* (Pallas)

成虫体长8～18mm。体黑色，具黑毛。鞘翅淡黄到棕黄色，具黑斑。头略呈方形，后角圆，表面密布刻点，额中央有1个纵光斑。触角短，11节，末端5节膨大成棒状。前胸背板长稍大于宽，两侧平行，前端1/3向前变狭；表面密布刻点，后端中央有2个浅圆形凹洼，前后排列。

本种在塞罕坝地区1年1代，成虫主要取食瓜类、豆类、番茄、花生等植物。

成虫（国志锋摄）

鞘翅目 Coleoptera ▸ 叶甲科 Chrysomelidae

# 白杨叶甲 *Chrysomela populi* Linnaeus

成虫体长 10～15mm，椭圆形。体为具金属光泽的蓝黑色，鞘翅橙红或橙褐色。前胸背板蓝紫色，两侧聚粗大的刻点，中有 1 个纵沟。小盾片呈蓝黑色三角形，鞘翅比前胸宽，密布刻点，沿外缘有纵隆线。

本种在塞罕坝地区 1 年 2 代，主要取食杨树、柳树等杨柳科的植物。越冬时成虫躲藏在枯枝落叶或土壤中，每年 5 月开始出蛰，成虫出蛰后即可交尾取食。成虫通常在叶片背面取食，多在叶背产下 15～50 枚卵的卵块。初孵幼虫多聚集在叶片背面取食，2 龄后分散取食，幼虫 5 龄后化蛹，蛹通常悬挂在叶片背面。成虫在月均温度高于 25℃时会下树蛰伏，转凉后重新上树取食。

成虫（国志锋摄）

鞘翅目 Coleoptera ▸ 叶甲科 Chrysomelidae

# 柳九星叶甲 *Chrysomela salicivorax* (Fairmaire)

成虫体长 6～8mm，椭圆形。体为具金属光泽的蓝黑色。头部密布刻点，前胸背板中央黑色，两侧分别生有黄色侧边。鞘翅上分别有 9 枚黄色斑，绝大多数成虫的斑点黑色，极个别呈黄色或浅黄色，足黄黑相间。

本种在塞罕坝地区 1 年 1～2 代，主要取食旱柳、垂柳等杨柳科的植物。越冬时成虫躲藏在枯枝落叶或土壤中，每年 5 月开始出蛰，成虫出蛰后即可交尾取食。成虫通常在叶片背面取食，多在树冠向阳处产下卵块，初孵幼虫多聚集在叶片背面取食。

蛹（大唤起分场，曹亮明摄）

幼虫（大唤起分场，曹亮明摄）

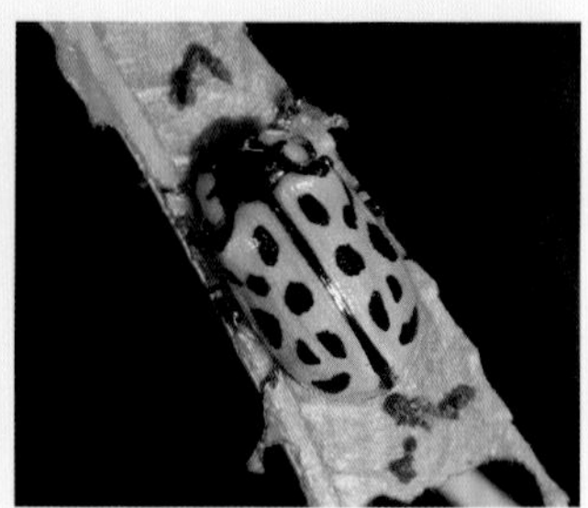

成虫（大唤起分场，曹亮明摄）

鞘翅目 Coleoptera ▸ 叶甲科 Chrysomelidae

## 中华萝藦叶甲 *Chrysochus chinensis* Baly

成虫体长7～14mm，椭圆形。体为具金属光泽的蓝紫色。头部中央有1条细纵线，或多或少具有刻点。前胸背板长大于宽，中央凸起，前后两端较窄，前半部呈弧状，后半部较直。小盾片心型或三角形，蓝黑色，有的个体中部有红斑。鞘翅基部稍宽于前胸，肩部和基部均隆起。

本种在塞罕坝地区1年1代，成虫主要取食萝藦科植物，但也会取食茄、甘薯、刺儿菜等其他植物叶片。以老熟幼虫在土壤中越冬，春天温度较高后即可化蛹，成虫每年5—8月可见。

成虫（曹亮明摄）

鞘翅目 Coleoptera ▸ 叶甲科 Chrysomelidae

## 黑油菜叶甲 *Entomoscelis pulla* Daccordi & Ge

成虫体长5～7mm，椭圆形。体为具有黄铜色或蓝色金属光泽的黑色。前胸背板具粗刻点，两侧具略扁平的边。小盾片半圆形，小盾片和鞘翅上有不规则的刻点。

本种在塞罕坝地区1年1～2代，5—10月可见，主要取食菊科蒿属的植物。

成虫（国志锋摄）

鞘翅目 Coleoptera ▸ 叶甲科 Chrysomelidae

# 萹蓄齿胫叶甲 *Gastrophysa polygoni* (Linnaeus)

成虫体长5mm左右，长形。鞘翅为具金属光泽的蓝紫色至蓝绿色。前胸背板和足为橙黄色。雌虫的腹部可能异常膨胀以致鞘翅无法合拢。

本种在塞罕坝地区1年2代，主要取食蓼科的萹蓄。卵多聚产于叶片背面，通常一堆30～50枚。越冬代幼虫老熟后离开植物、入土化蛹。翌年春季在土中羽化后，钻出地面取食寄主植物。

成虫（曹亮明摄）

鞘翅目 Coleoptera ▸ 叶甲科 Chrysomelidae

# 阔胫莹叶甲 *Pallasiola absinthii* (Pallas)

成虫体长6.5～7.5mm，长形。主体淡黄色与黑色相间。头黑色，前胸背板中央黑色周边黄色。小盾片为黑色三角形。鞘翅主体黄色，每个鞘翅上有4条黑色纵线。足和触角均为黑色。

本种在塞罕坝地区1年1代，主要取食菊科蒿属驴驴蒿等植物。冬季以卵在土壤或枯枝落叶中越冬，卵在5月孵化，幼虫历3龄50天左右后化蛹。成虫通常在7月底开始羽化，在8月中旬开始产卵，9月初成虫相继死亡。

成虫（雄）（国志锋摄）

成虫（雌）（国志锋摄）

鞘翅目 Coleoptera ▸ 叶甲科 Chrysomelidae

## 柳兰叶甲 *Plagiodera versicolora* (Laicharting)

成虫体长4mm左右，椭圆形。全身大部均为具有金属反光的深蓝色，触角和小盾片黑色，腹部末端棕黄色。

本种在塞罕坝地区1年3代，主要取食柳、杨等植物。以成虫在地表土层中越冬，出蛰后即可进食产卵。卵聚产于叶片背面，初孵幼虫群聚取食，2龄后分散取食，幼虫期50天左右，于叶片背面化蛹、羽化。有明显的世代重叠现象。

成虫（曹亮明摄）

鞘翅目 Coleoptera ▸ 叶甲科 Chrysomelidae

## 榆蓝叶甲 *Xanthogaleruca aenescens* (Fairmaire)

成虫体长8mm左右，椭圆形。头、前胸背板黄色，鞘翅黄绿色。头顶有1个黑色三角形斑点，复眼黑色。触角基部7节内缘黑色，其余部分黄色，最前端4节褐色、前胸背板两侧各有1枚黑色斑纹。

本种在塞罕坝地区1年2代，在榆树上常见。以成虫在缝隙、枯枝落叶中越冬，出蛰取食叶片后15天左右开始产卵，卵多两行平行聚产于叶背面。幼虫3龄，初孵幼虫群聚取食，2龄后分散，老熟后通常于树皮缝隙处群聚化蛹，蛹期10～15天。

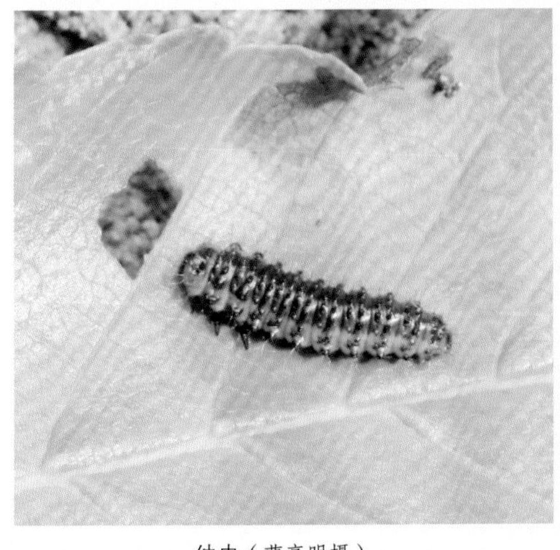

幼虫（曹亮明摄）

成虫（曹亮明摄）

鞘翅目 Coleoptera ▸ 叶甲科 Chrysomelidae

## 黑额光叶甲 *Smaragdina nigrifrons* (Hope)

成虫体长 6mm 左右，椭圆形。头、体腹面和各足均为黑色，小盾片褐色，前胸背板黄褐色至红褐色，有时具有 2 枚对称的黑板。鞘翅同样为黄褐色至红褐色，具 2 条黑色的宽横带，一条靠近翅前端，另一条在翅中间靠后，留下翅中部及翅末端为黄褐色

本种在塞罕坝地区 1 年 1 代，寄主范围广泛，有记录的有壳斗科、杨柳科、桦木科、禾本科、木犀科、豆科等。通常取食植物的嫩叶嫩芽、严重时植物顶端叶片被取食殆尽，影响植物的正常生长。

成虫（曹亮明摄）

鞘翅目 Coleoptera ▸ 叶甲科 Chrysomelidae

## 黄栌直缘跳甲 *Ophrida xanthospilota* (Baly)

成虫体长 6～9mm，长椭圆形。体棕黄色。复眼黑色，前胸背板色淡，刻点疏密不一。鞘翅棕褐色，有 10 条纵列刻点。后足腿节发达，善跳跃。

本种在塞罕坝地区 1 年 1 代，主要取食黄栌。以卵块越冬，孵化较早取食黄栌的芽，因此对黄栌的正常生长造成严重影响。4～5 龄幼虫大量取食，甚至可造成枝梢干枯。6 月开始羽化，取食 4 周后成虫即可产卵，通常将卵聚产在 2～3 年生的分叉处，一般 20～30 枚。

成虫（曹亮明摄）

# 锯胸叶甲 *Syneta adamsi* Baly

成虫体长 5～8mm，长形。体淡棕色至红棕色，有的个体黑褐色甚至黑色。头及前胸背板为红棕色，小盾片黑色，鞘翅和足均为淡棕色，鞘翅各具长短不一的 4 条纵线和大量不规则刻点。

本种在塞罕坝 1 年 1 代，寄主有桦树、落叶松。以幼虫在地下越冬，气温升高后幼虫开始取食寄主植物根部。老熟在土中后化蛹、羽化，爬出地面后搜寻寄主植物，取食叶片。秋季在地表产卵，初孵幼虫向地下搜寻、取食寄主植物根。

成虫（国志锋摄）

成虫（国志锋摄）

成虫交配（国志锋摄）

鞘翅目 Coleoptera ▸ 象甲科 Curculionidae

# 大绿象 *Chlorophanus grandis* Roelpfs

成虫体长 13～16mm。体被有金光闪闪的蓝绿色鳞片，鳞片表面常附着黄色粉末，鳞片间散布有银灰色毛。前胸背板侧缘、鞘翅侧缘黄色，每一鞘翅上各有由 10 条刻点组成的纵沟纹。

本种在塞罕坝地区 1 年 1 代，主要危害苹果、梨、桃、榆、杨、马铃薯等植物。

成虫交配（曹亮明摄）

成虫（曹亮明摄）

鞘翅目 Coleoptera ▸ 象甲科 Curculionidae

# 榆叶象 *Fronto capiomonti* (Faust)

成虫体长 5～6mm，卵圆形。体黑褐色，被有白色鳞片构成黑、褐、白三色相间的花纹。喙短粗，复眼圆形、触角黄褐色。前胸背板前角圆弧形，后角近直角。小盾片很小被有黑褐色鳞片。鞘翅中央有 1 个黑色大斑。

本种在塞罕坝地区 1 年 1 代，主要危害春榆。以成虫在缝隙或枯枝落叶中越冬，气温升高后出蛰危害榆树嫩芽，取食 1 周后即可产卵。卵单产，卵期1周左右。幼虫4龄，幼虫期 25 天左右、蛹期 16 天左右，当年羽化的成虫在当年无法产卵。

成虫（曹亮明摄）

鞘翅目 Coleoptera ▸ 象甲科 Curculionidae

## 绿鳞象 *Hypomeces squamosus* (Fabricius)

成虫（曹亮明摄）

成虫体长 15～18mm。体黑色，被有反光的粉绿色鳞毛，少数个体灰色或黄灰色，表面有时有橙黄色粉末。触角短粗，复眼明显突出。前胸背板具宽而深的纵沟及不规则刻点。鞘翅各具 10 纵列刻点。

本种在塞罕坝地区 1 年 1 代，寄主范围广，记录的有桃、桑、大叶桉、茶、大豆、花生、玉米、烟、麻等。以成虫在缝隙或枯枝落叶中越冬，成虫出蛰后上树取食寄主植物叶片，卵单产于叶正面，幼虫孵化后下树钻入土壤中危害植物根部。

鞘翅目 Coleoptera ▸ 象甲科 Curculionidae

## 黑斑尖筒象 *Nothomyllocerus illitus* (Reitter)

成虫体长 5mm 左右。体黑色。触角第 1 节稍弯，第 1、2 索节较 3～7 节长。鞘翅行间具近乎直立的粗毛。足腿节具小齿，胫节、跗节稍有红褐色。

本种在塞罕坝地区 1 年 1 代，主要危害栓皮栎、蒙古栎。以幼虫在土中越冬，气温升高后苏醒继续取食植物根部，5—6 月羽化钻出地面。成虫取食栓皮栎、蒙古栎叶片，卵产于地表，孵化后钻入地下危害寄主植物根部。

成虫（李雪薇摄）

成虫（曹亮明摄）

# 北京枝瘿象 *Coccotorus beijinggensis* Lin et Li

成虫体长 6mm 左右。体红褐色至黑褐色，密布灰白色或黄褐色长毛。前胸背板、小盾片及鞘翅内缘具不规则黑斑。鞘翅细长，长为宽的 2 倍左右。前足腿节端部 1/3 位置有 1 枚扁的三角形刺。

本种在塞罕坝地区 1 年 1～2 代，专性危害小叶朴。以幼虫在虫瘿内越冬，5 月自虫瘿咬 1 个圆形孔洞钻出。成虫取食小叶朴叶片，危害不大。雌虫将单枚卵分别产在芽或新梢端部，卵孵化后取食新梢刺激小叶朴组织增生形成虫瘿，多时几乎每个新枝都有 1 个虫瘿。但虫瘿的存在除了妨碍小叶朴的观赏外，对小叶朴的正常生长几乎没有任何影响。

上年虫瘿（曹亮明摄）

新造虫瘿（曹亮明摄）

成虫（曹亮明摄）

鞘翅目 Coleoptera ▸ 象甲科 Curculionidae

## 条斑叶象 *Hypera conmaculata* (Herbst)

成虫体长 5～6mm。体黑色，被有长卵形鳞片及灰白色长鳞毛。前胸背板中央具灰黑色斑块，鞘翅有不规则黑色斑点。腿节近端部膨大，跗节腹面密被毛、两端具长刺状毛。

本种在塞罕坝地区 1 年 1 代，主要取食伞形科的芹属和前胡属植物。

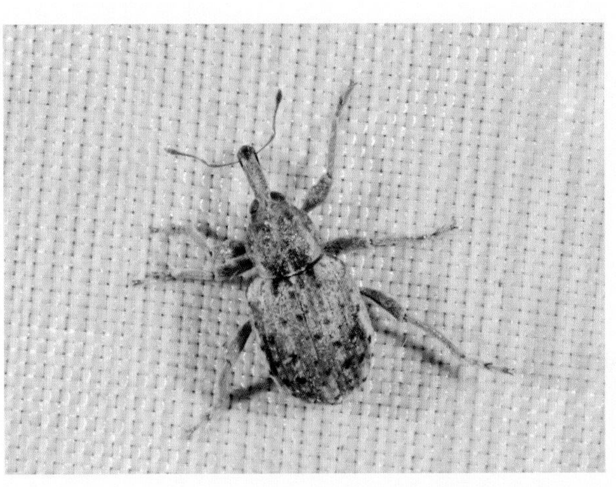

成虫（大唤起分场，灯诱，曹亮明摄）

鞘翅目 Coleoptera ▸ 拟天牛科 Oedemeridae

## 墨绿拟天牛 *Oedemera virescens* (Linnaeus)

成虫体长 10mm 左右。体为具金属光泽的墨绿色，体及鞘翅密被白色短毛。触角的长度达到鞘翅的 1/2 左右，前胸背板中央具 1 条细纵脊。每枚鞘翅具 2 条明显的纵脊，内侧的 1 条达鞘翅的 1/3 左右，外侧达体长的 4/5。雄虫后足腿节稍弯且膨大。

本种幼虫在朽木中生活化蛹，成虫喜访蒲公英、蓬子菜等菊科的花。成虫受到惊吓后会分泌含斑蝥素的毒液，接触皮肤后会产生水泡。

成虫（曹亮明摄）

# 落叶松尺蛾 *Erannis defoliaria* (Clerck)

具典型的成虫二型现象。雄虫具翅，翅面浅黄色有黑褐色斑纹，内线、外线黑色，两者所夹区域淡黄色，近前缘靠近外线处有1个黑色点斑，外线从点斑处向外弯折，形成1条袋状波浪线。雌虫无翅，胸部具6个黑色斑点，翅基片有1个黑色斑纹，腹部背板各节中央具1对黑色大斑。

本种在塞罕坝地区1年1代，主要危害落叶松。10月成虫大量羽化并产卵。

卵（国志锋摄）

蛹（国志锋摄）

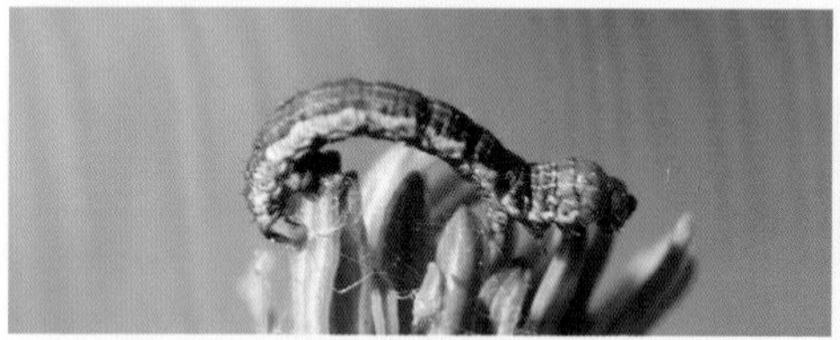

幼虫（国志锋摄）

成虫（雌）（国志锋摄）

成虫（国志锋摄）

鳞翅目 Lepidoptera ▸ 尺蛾科 Geometridae

## 李尺蛾 *Angerona prunaria* (Linnaeus)

翅展 35～50mm。体、翅颜色变化大，橙黄色翅面布满横向的黑褐色细纹；或翅面灰黄褐色，横向的黑褐色纹不明显，但前后翅中室端的褐色横纹明显。

本种在塞罕坝地区 7 月灯下可见成虫，幼虫主要取食李、桦、落叶松等植物。

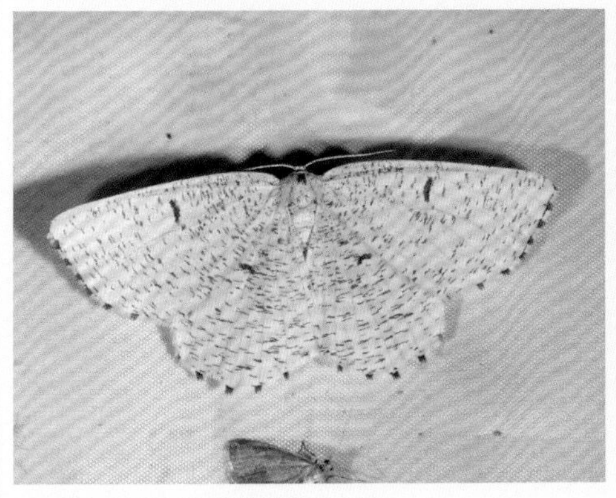

成虫（曹亮明摄）

成虫（国志锋摄）

鳞翅目 Lepidoptera ▸ 尺蛾科 Geometridae

## 蝶青尺蛾 *Geometra papilionaria* (Linnaeus)

翅展 45～50mm。头、胸、腹绿色，胸部具绿色长毛。翅面绿色。前翅前缘黄色，端半部呈拱形，前翅外缘浅波浪形；内线白色，外线白色锯齿形。

本种在塞罕坝地区取食桦树叶片，但发生量较小，不构成危害。

成虫（曹亮明摄）

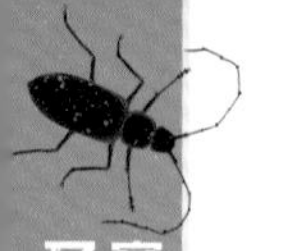

鳞翅目 Lepidoptera ▸ 尺蛾科 Geometridae

## 曲白带青尺蛾 *Geometra glaucaria* Ménétriés

翅展 45 ~ 55mm。头顶白色，胸背面绿色具绿色长毛。翅面绿色，翅顶角尖，外缘微呈浅弧形；前翅内线白色，较直，前、后翅外线白色，平伏时相连，粗细不均，在前翅前缘处均展宽；前、后翅外缘具白色长缘毛。

本种在塞罕坝地区 7 月灯下可见成虫，幼虫取食栎树叶片，但不暴发成灾。

成虫（国志锋摄）

鳞翅目 Lepidoptera ▸ 尺蛾科 Geometridae

## 栎绿尺蛾 *Comibaena delicatior* (Warren)

翅展 25mm。翅面青绿色；前翅前缘白色宽边，内线、外线及亚端线白色显著；臀角有 1 枚血红色斑；后翅顶角上也有 1 枚血色斑，臀角有 1 枚黄褐色斑；前、后翅中室上均有 1 个小黑点。

本种在塞罕坝地区 7 月灯下可见成虫，幼虫取食栎树叶片。

成虫（曹亮明摄）

**鳞翅目** Lepidoptera ▸ **尺蛾科** Geometridae

## 肾纹绿尺蛾 *Comibaena procumbaria* (Pryer)

翅展 24～28mm。翅面亮绿色，前翅前缘白色，前、后翅翅脉淡黄色，内线外线不明显。前翅臀角、后翅顶角具带红色边缘的白色斑，前、后翅外缘具白色、褐色相间的缘毛。前、后翅中室上均有 1 个小黑点。

本种在塞罕坝地区 7 月灯下可见成虫，幼虫可危害豆科、大戟科植物。

成虫（曹亮明摄）

**鳞翅目** Lepidoptera ▸ **尺蛾科** Geometridae

## 醋栗金星尺蛾 *Abraxas grossulariata* Linnaeus

翅展 35～40mm。头背面黑色，肩板红褐色，胸背板黑色，前缘有 1 枚“八”字形黄斑纹，腹部各节背板中央端部具 1 个黑色大斑，两边各有 1 个黑色小斑。翅面白色有黑褐色斑纹，前翅翅基部及外线黄色，被圆卵形斑纹包围，有时这些斑纹连成一片。

本种在塞罕坝地区 7 月灯下可见成虫，幼虫可危害醋栗、榛、榆等植物。

成虫（曹亮明摄）

鳞翅目 Lepidoptera ▸ 尺蛾科 Geometridae

# 榛金星尺蛾 *Abraxas sylvata* (Scopoli)

翅展可达40mm。头顶黄色，胸背板中央黑色边缘黄色，腹背板各节具5个黑色斑，中央1个大斑，四周4个小斑。翅面白色，翅基部为黄褐色斑，臀角靠前处有1个大小相同的黄褐色斑，翅色斑变化较大。

本种在塞罕坝地区7月灯下可见成虫，幼虫可危害榛、榆、桦、杉等植物。

成虫（曹亮明摄）

鳞翅目 Lepidoptera ▸ 尺蛾科 Geometridae

# 丝棉木金星尺蛾 *Abraxas suspecta* Warren

前翅长20～23mm。翅面白色，具灰色与黄褐色斑纹。前翅基部和臀角处大斑灰色和黄褐色，其他斑纹灰色；后翅斑纹与前翅类似。前、后翅斑纹大小多变，翅反面斑纹同正面。

本种为塞罕坝地区灯下常见昆虫，主要危害槐、杨、柳等植物。

成虫（曹亮明摄）

鳞翅目 Lepidoptera ▸ 尺蛾科 Geometridae

## 黄星尺蛾 *Arichanna melanaria* (Linnaeus)

前翅长 19～25mm。前翅翅面黄白色，具 8 列黑斑；后翅翅面黄色，具 5 列黑斑，黑斑大小有变化。雌虫触角黑色，线形；雄虫触角双栉状，黑褐色。腹部背面银白色，无斑纹。

本种在塞罕坝地区主要危害杨、桦等植物。

成虫（曹亮明摄）

鳞翅目 Lepidoptera ▸ 尺蛾科 Geometridae

## 桦尺蛾 *Biston betularia* (Linnaeus)

翅展 38～50mm。体色变化多样，从黄白色至暗黑色，塞罕坝地区常见个体呈灰褐色。内线、外线明显，呈黑色锯齿形，其他区域散布黑色斑点。雄虫触角双栉齿状。

本种幼虫可危害桦、杨、椴、梧桐、榆、栎、槐、柳、落叶松等植物。

成虫（国志锋摄）

鳞翅目 Lepidoptera ▸ 尺蛾科 Geometridae

# 焦点滨尺蛾 *Exangerona prattiaria* (Leech)

翅展 34～50mm。翅面颜色斑纹有变，多黄色，散布褐色鳞片；前翅具 3 条褐色横带，外缘具一大片褐色区，其中具 1 个白点，雌虫的褐色区通常较大，白点明显。

本种在塞罕坝地区 7 月灯下可见成虫，幼虫可危害山毛榉、槭树等植物。

成虫（曹亮明摄）

鳞翅目 Lepidoptera ▸ 尺蛾科 Geometridae

# 月尺蛾 *Selenia* sp.

翅展29～44mm，体粗壮。头、胸、腹背面黄褐色。栖息时翅一般立于体背。前翅内线、外线黑褐色，外线外侧区域颜色较浅。前、后翅中部上方区域各有 1 条白色条纹。前翅反面内线模糊、外线清晰，外线外侧淡白色。

本种幼虫的寄主植物有柳、白桦、蔷薇等。

成虫（曹亮明摄）

鳞翅目 Lepidoptera ▸ 尺蛾科 Geometridae

## 雪尾尺蛾 *Ourapteryx nivea* Bulter

翅展可达45mm。额和下唇须灰黄褐色；头顶、体背和翅白色。前翅顶角凸，外缘直。翅面碎纹灰色，细弱；前翅内、外线和后翅中部斜线浅灰黄色；前翅中线十分纤细，缘毛黄白色；后翅尾角内侧左右有2个小型斑。

本种在塞罕坝地区7月灯下可见成虫，幼虫可危害山毛榉、榆、豆科等植物。

成虫（曹亮明摄）

鳞翅目 Lepidoptera ▸ 尺蛾科 Geometridae

## 柿星尺蛾 *Parapercnia giraffata* (Guenée)

翅展约75mm。前、后翅白色，且密布许多黑褐色斑点，前翅7列、后翅5列，中室端部有椭圆形大斑纹。复眼及触角黑褐色。前胸背板黄色，有1对方形黑色斑纹，中胸背板具1对“八”字形黑斑。腹部金黄色，各节有成对的黑色横纹。触角丝状。

本种在塞罕坝地区7—8月灯下可见成虫，幼虫主要危害柿树。

成虫（曹亮明摄）

鳞翅目 Lepidoptera ▸ 尺蛾科 Geometridae

# 妖尺蛾 *Apeira syringaria* (Linnaeus)

翅展 30～44mm。头顶灰色，胸、腹背板红褐色。翅面褐色至红褐色。前翅内线白色，模糊不清；外线清晰，黑褐色，与后翅中部黑线相连。成虫栖息时，前翅翅面中部垂直立起，后翅端部向下倾斜。

本种在塞罕坝地区 7 月灯下可见成虫，幼虫可危害女贞、蔷薇和金银花科等植物。

成虫（曹亮明摄）

鳞翅目 Lepidoptera ▸ 尺蛾科 Geometridae

# 角顶尺蛾 *Phthonandria emaria* Bremer

翅展 40mm。雄虫触角双栉状，雌虫触角线状。翅面灰褐色，前翅内线、外线黑色，内、外线所夹区域灰色，其余部分褐色；后翅内线黑色，靠近翅基部，外线黑色，较近外缘。

本种在塞罕坝地区 8 月灯下可见成虫，寄主植物不详。

成虫（曹亮明摄）

鳞翅目 Lepidoptera ▸ 尺蛾科 Geometridae

# 锯线尺蛾 *Phthonosema serratilinearia* Leech

翅展可达60mm。头、胸、腹灰色散布黑色小点。翅面灰色有黑色和褐色斑纹或点纹。前翅内线和外线可辨，外线锯齿状，外线外侧近臀角处有1个褐色椭圆形斑。前翅和后翅外缘缘毛较长。

本种在塞罕坝地区8月灯下可见成虫，幼虫可危害榆、柳、枫等植物。

成虫（曹亮明摄）

鳞翅目 Lepidoptera ▸ 尺蛾科 Geometridae

# 红带姬尺蛾 *Idaea nielseni* (Hedemann)

翅展可达15mm。头黄色，肩板红色与前翅前缘基部红色相连，腹部红色，节间黄色。翅面黄色，外缘具1条宽红色波浪形宽纹，前、后翅中部区域有紫红色点斑。

本种在塞罕坝地区8月灯下可见成虫，寄主植物不详。

成虫（曹亮明摄）

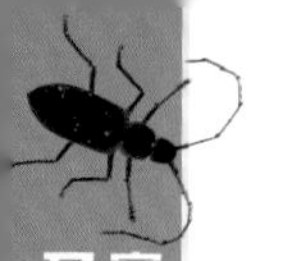

鳞翅目 Lepidoptera ▸ 尺蛾科 Geometridae

# 紫线尺蛾 *Timandra recompta* (Prout)

翅展达25～28mm。头、胸、腹黄色，翅面黄色具紫红色条纹。前、后翅中部各有1条紫红色斜纹伸出，连同腹部背面的暗紫色条纹，形成1个三角形的两边，前、后翅外缘均有紫色线。后翅外缘中部三角形突出。

本种在塞罕坝地区8月灯下可见成虫，幼虫主要危害蓼科虎杖、酢浆草等植物。

成虫（曹亮明摄）

鳞翅目 Lepidoptera ▸ 尺蛾科 Geometridae

# 葡萄迴纹尺蛾 *Chartographa ludovicaria* Oberthür

前翅长20mm左右。翅银白色，具黑色纵细黑纹，由里向外黑纹条数为4+4+4+3，前3组黑纹在臀角大斑处汇合成迴纹。臀角大斑黄色，中心黑色。后翅外缘处具不规则的黑黄相间斑纹。成虫休憩时将腹部向上翘起，触角置于前翅基部。

本种在塞罕坝地区7月灯下可见成虫，幼虫主要危害葡萄。

成虫（曹亮明摄）

鳞翅目 Lepidoptera ▸ 尺蛾科 Geometridae

## 北花波尺蛾 *Eupithecia bohatschi* Staudinger

翅展 16mm。头、肩板黑色，胸背板白色，腹部 1～6 节褐色中央具白斑，腹部末端纯白色。前翅褐色，翅基片到中室白色，中央有 1 个明显的黑点斑；亚端线白色折线形。缘毛特别长，白色。

本种在塞罕坝地区 7 月灯下可见成虫，幼虫主要危害针叶树的球果。

成虫（国志锋摄）

鳞翅目 Lepidoptera ▸ 尺蛾科 Geometridae

## 网褥尺蛾 *Eustroma reticulata* (Denis et Schiffermüller)

翅展 20mm。头顶两侧白色，中央黑色，前胸背板黑色具白色条纹。前翅黑色，上有许多白色线纹，内线靠翅基部单独存在，中线倾斜向后与外线形成环纹；翅顶角处伸出 1 条“Y”字形亚端线纹。

本种在塞罕坝地区 7 月灯下可见成虫，寄主植物不详。

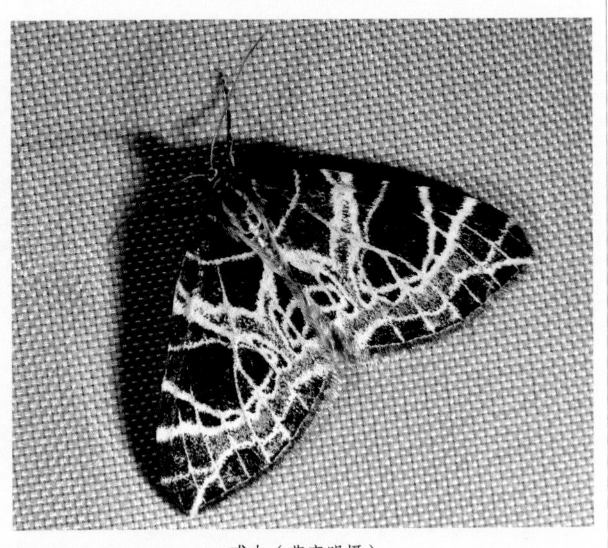

成虫（曹亮明摄）

鳞翅目 Lepidoptera ▸ 尺蛾科 Geometridae

# 槐尺蠖 *Semiothisa cinerearia* Bremer & Grey

前翅长 17～22mm。翅面灰白色，内线、中线黑色，较细；外线在前缘处呈三角形褐斑，外线中部到后缘有 1 列黑斑，并有细线将其分开。前翅顶角灰褐色，下方有 1 个褐色三角形大斑纹；后翅内线直，中线、外线波浪状。

本种在塞罕坝地区 6 月灯下可见成虫，7 月在国槐上可见幼虫危害。

成虫（国志锋摄）

鳞翅目 Lepidoptera ▸ 尺蛾科 Geometridae

# 草莓尺蛾 *Mesoleuca albicillata casta* (Butler)

翅展 24～33mm。头顶、胸背板褐色，腹部背板银白色。翅面白色有褐色斑纹。前翅翅基部、顶角到前缘端部 1/3 处褐色；内线红褐色，较粗；外线折线形，有时中断。中室上有 1 个小黑点。

本种在塞罕坝地区 7 月灯下可见成虫，幼虫可危害草莓、悬钩子、覆盆子等植物。

成虫（曹亮明摄）

鳞翅目 Lepidoptera ▸ 尺蛾科 Geometridae

# 北莓尺蛾 *Mesoleuca mandshuricata* (Bremer)

翅展25～30mm。头顶深褐色，胸背板深褐色，腹部浅黄褐色。前翅翅面浅黄褐色，翅基部黑色，前缘中部为1个三角形黑色斑，下角为黑色中点斑，椭圆形；翅顶角处颜色较深。

本种在塞罕坝地区7月灯下可见成虫，寄主植物不详。

成虫（国志锋摄）

鳞翅目 Lepidoptera ▸ 尺蛾科 Geometridae

# 双色鹿尺蛾 *Alcis bastelbergeri* (Hirschke)

翅展30～40mm。头、胸褐色。翅面灰褐色，内线和中线黑色、粗，两者几乎平行，所夹区域具褐色鳞片；外线波浪弯曲状、较细，仅靠近前缘处较粗。

本种在塞罕坝地区1年1代，主要危害落叶松、桦等植物。

成虫（曹亮明摄）

鳞翅目 Lepidoptera ▸ 尺蛾科 Geometridae

# 三线岩尺蛾 *Scopula pudicaria* (Motschulsky)

翅展 22～27mm。头、胸、腹背面皆白色。翅白色具黄色条纹。前翅内线、中线、外线等距离分布，后翅 2 条线分别与前翅中线和外线对接，这些线略带弯曲，几乎平行。

本种在塞罕坝地区 7 月灯下可见成虫，幼虫主要危害蔷薇科的地榆。

成虫（国志锋摄）

鳞翅目 Lepidoptera ▸ 尺蛾科 Geometridae

# 环缘奄尺蛾 *Stegania cararia* (Hübner)

翅展 20～27mm。头、胸、腹黄色。翅面黄色带褐色条纹。前翅前缘颜色较深，略向上翻折；内线、外线不明显，中线有一小截；亚缘线中部弯曲伸达外缘，形成 3 个圆室，2 大 1 小；后翅类似。

本种在塞罕坝地区 7 月灯下可见成虫，幼虫可危害杨、桦等植物。

成虫（国志锋摄）

# 驼尺蛾 *Pelurga comitata* (Linnaeus)

翅展22～26mm。头、胸、腹黑褐色，前胸向上突起呈驼峰状。前翅翅面褐色，内线区域具宽淡白色横带，中室有1个黑色斑点，外线白色，中部向外缘呈大弧形弯曲。

本种在塞罕坝地区7月灯下可见成虫，幼虫可危害藜科植物。

成虫（国志锋摄）



# 猫眼尺蛾 *Problepsis superans summa* Prout

体白色，前翅前缘灰色，前翅眼斑大而且圆，眼斑黄褐色，有1个不完整的银圈，银圈内有2～3个黑色斑点及条状白色斑纹。后翅眼斑色深，有时近黑灰色，近椭圆形，斑内有银色鳞纹，后缘处小斑与后翅眼斑相接。前、后翅外缘黑色线细，缘毛灰色、白色相间。

本种在塞罕坝地区7月灯下可见成虫，寄主植物不详。

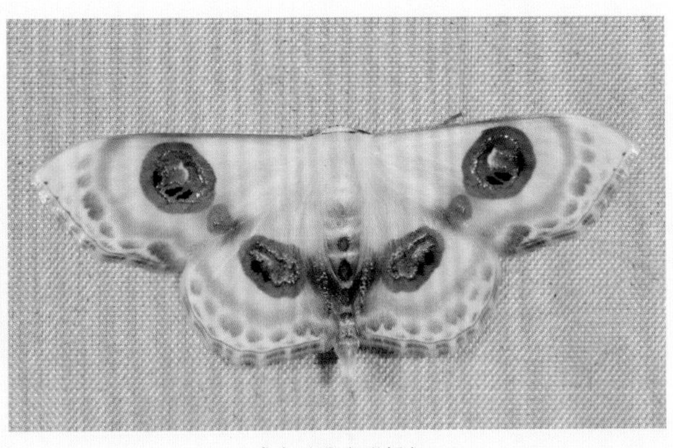

成虫（曹亮明摄）

鳞翅目 Lepidoptera ▸ 尺蛾科 Geometridae

## 齿带大轭尺蛾 *Physetobasis dentifascia* Hampson

翅展 24～26mm。头、胸、腹银白色，复眼黑色。翅面白色至浅褐色。前翅内线、中线、外线分界清晰，外线靠前缘段最粗，其内侧有 1 个长椭圆形黑斑；亚端线白色。

本种在塞罕坝地区 7 月灯下可见成虫，寄主植物不详。

成虫（曹亮明摄）

鳞翅目 Lepidoptera ▸ 枯叶蛾科 Lasiocampidae

## 油松毛虫 *Dendrolimus tabulaeformis* Tsai et Liu

雄蛾翅展 45～63mm，雌蛾翅展 57～85mm。前翅中室有 1 个白色圆点，内线黑色，近白点；亚外缘线斑黑色，各斑略呈新月形，斑列常为 9 个组成，前 6 斑形成弧形，7～9 斑斜列。幼虫灰色，身体两侧具长毛，头黄褐色，体两侧有白色纵带，中间不连续。

本种在塞罕坝地区主要危害油松、樟子松，但不暴发成灾。

成虫（曹亮明摄）

# 落叶松毛虫 *Dendrolimus superans* (Butler)

雄蛾翅展57～72mm，雌蛾翅展69～85mm。成虫体色变化大，有灰白、灰褐、赤褐、黑褐等不同色型，塞罕坝地区多为黑白色。前翅中室有1个明显的小圆形白斑。初产卵为淡绿色，后逐渐变黄色至红色。老熟幼虫灰褐色，体具黄色和白色斑，体上生有银白色或金黄色毛。

本种在塞罕坝地区1年1代，是重要的食叶害虫之一，主要危害落叶松、云杉等植物。

卵（国志锋摄）

茧（曹亮明摄）

幼虫（曹亮明摄）

幼虫（曹亮明摄）

成虫（曹亮明摄）

成虫（曹亮明摄）

鳞翅目 Lepidoptera ▸ 枯叶蛾科 Lasiocampidae

## 天幕毛虫 *Malacosoma neustria testacea* (Motschulsky)

翅展可达35～42mm。体黄褐色，触角栉状。前翅中部有2条黑褐色横纹线，两线之间所夹区域颜色不同于前翅其他区域。前、后翅缘毛黑白色相间。卵产于植物小枝上，指环状紧密排列。幼虫吐丝结网，白天伏于网内，夜晚出网取食。

本种在塞罕坝地区5月可见卵，7月灯下可见成虫，主要危害山桃、杨、栎、榆等植物。

卵（曹亮明摄）

成虫（曹亮明摄）

鳞翅目 Lepidoptera ▸ 枯叶蛾科 Lasiocampidae

## 杨枯叶蛾 *Gastropacha populifolia* (Esper)

翅展可达100mm。体黄褐色，头、前胸、中胸、腹部背面中央有1条黑色纵线。前翅前缘长，后缘短，约为前缘的1/2，前翅翅面有5条断断续续的波状黑色纹。触角红褐色。

本种在塞罕坝地区6—7月灯下可见，主要危害杨、柳、栎等植物。

成虫（国志锋摄）

鳞翅目 Lepidoptera ▸ 枯叶蛾科 Lasiocampidae

## 李枯叶蛾 *Gastropacha quercifolia* (Linnaeus)

翅展可达 95mm。体褐色，前翅褐色，后翅浅褐色。前翅有 3 条波浪形横纹，中室有 1 个黑色斑点。触角栉状，黑褐色。

本种在塞罕坝地区 7 月灯下可见，主要危害杨、柳、核桃、桃等植物。成虫伏于地面时，后翅从前翅前缘露出。

成虫（曹亮明摄）

鳞翅目 Lepidoptera ▸ 枯叶蛾科 Lasiocampidae

## 苹果枯叶蛾 *Odonestis pruni* (Linnaeus)

翅展 52 ~ 70mm。体红褐色，复眼球形黑褐色，触角双栉齿状。内线颜色较淡，圆弧形；外线黑色，亦呈弧形，两线中间有 1 个明显的三角形白斑点；亚缘线不明显，呈细波纹状。前翅外缘呈锯齿状；后翅色较淡，有 2 条不太明显的深褐色横带。

本种在塞罕坝地区主要危害苹果、梨、桃等植物。

成虫（国志锋摄）

鳞翅目 Lepidoptera ▸ 枯叶蛾科 Lasiocampidae

## 东北栎枯叶蛾 *Paralebeda femorata* (Ménétriés)

翅展 58～100mm。体褐色，前翅较狭长，前缘约在 1/4 处开始呈弧形弯曲，外缘呈弧状。前翅中间具斜行翅状棕色横斑，大斑边缘有铅灰色线纹镶边，顶端双重白线。

本种幼虫主要危害槲栎、麻栎等栎类植物。

成虫（曹亮明摄）

鳞翅目 Lepidoptera ▸ 枯叶蛾科 Lasiocampidae

## 栎黄枯叶蛾 *Trabala vishnou gigantina* (Yang)

翅展 54～90mm。体绿色或黄色，触角短双栉齿状；复眼球形，黑褐色。胸部背面黄色，前翅内、外横线之间为鲜黄色，中室处有 1 个近三角形的黑褐色小斑，后缘和自基线到亚外缘间又有 1 个近四边形的黑褐色大斑，亚外缘线处有 1 条由 8～9 个黑褐色小斑组成的断断续续的波状横纹。

本种幼虫主要危害栎、栗等植物。

幼虫（曹亮明摄）

成虫（曹亮明摄）

鳞翅目 Lepidoptera ▸ 目夜蛾科 Erebidae

## 广鹿蛾 *Amata emma* (Butler)

翅展 24～36mm。颈板黄色，头、胸全黑色，腹部各节黑色具黄色横带。翅面黑色，前翅白色斑呈 1+2+3 分布。后翅后缘基部黄色，前缘区下方有 1 个较大的透明斑，翅顶黑边较宽。

本种幼虫可危害菊科植物。

成虫（曹亮明摄）

鳞翅目 Lepidoptera ▸ 目夜蛾科 Erebidae

## 白雪灯蛾 *Chionarctia nivea* (Ménétriès)

翅展可达 70mm。体白色，前足基节红色有黑斑，各足腿节上方红色，跗节黑色。翅全白色无斑纹，腹部白色，侧面除基部及端节外具红斑，背面、侧面各具 1 列黑点。

本种在塞罕坝地区 7 月灯下可见成虫，幼虫可危害十字花科蔬菜、高粱、茄科、豆类等植物。

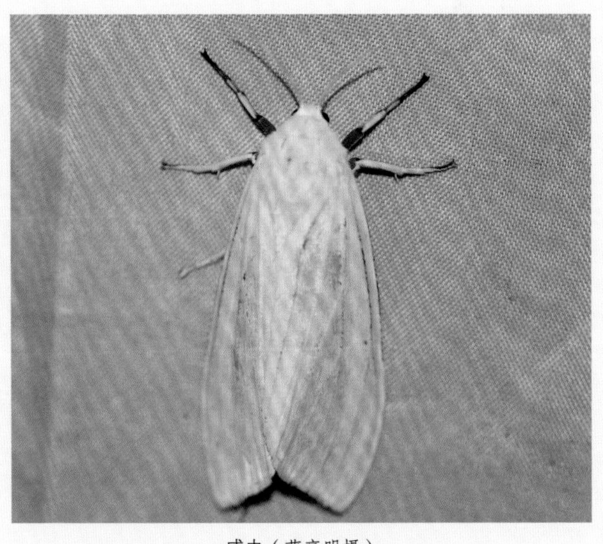

成虫（曹亮明摄）

鳞翅目 Lepidoptera ▸ 目夜蛾科 Erebidae

## 排点灯蛾 *Diacrisia sannio* (Linnaeus)

翅展 35～40mm。前翅翅面黄色，前缘暗褐色边，向翅顶粉红色，后缘、外缘为粉红色。前翅中部有黑底红边组成的大点斑。后翅浅黄色，基部暗褐色，横中部亦有 1 个大暗褐斑，亚端带为排成弧形的暗褐色斑点。

本种在塞罕坝地区 1 年 1 代，7 月灯下可见成虫，幼虫主要危害菊科、车前科植物。

成虫（阴河分场，国志锋摄）

鳞翅目 Lepidoptera ▸ 目夜蛾科 Erebidae

## 泥土苔蛾 *Eilema lutarella* (Linnaeus)

翅展 22～26mm。头黄色，触角、下胸及足黑色，颈板、翅基片灰黄色，腹部基半部黑色、端半部黄色；前翅灰黄色，前缘基部具黑边，反面除边缘黄色外，大部分暗褐色；后翅正、反面前半部暗褐色，前缘有黄边带，后半部黄色，缘毛黄色。

本种幼虫主要取食地衣。

成虫（国志锋摄）

鳞翅目 Lepidoptera ▸ 目夜蛾科 Erebidae

# 硃美苔蛾 *Miltochrista pulchra* Butler

翅展 23～36mm。翅面红色，前翅翅脉为黄色带，内线、中线底色为黄色，与翅脉交叉处有黑点；外线由长黑点组成，中间黑点向外延伸成黑带；外缘缘毛黄色。

本种在塞罕坝地区 7 月灯下可见成虫，寄主植物不详。

成虫（曹亮明摄）

鳞翅目 Lepidoptera ▸ 目夜蛾科 Erebidae

# 优美苔蛾 *Miltochrista striata* (Bremer & Grey)

翅展 30～51mm。头、胸、翅黄色，具红色、褐色斑纹。胸背板具“内”字形红色条纹，内有 2 个黑色圆点。前翅具 8～10 条红色断开纵条纹。基线与外线由黑点组成，外线黑点较粗。

本种在塞罕坝地区 1 年 1 代，7—8 月灯下可见成虫，主要危害大豆等豆科植物。

成虫（曹亮明摄）

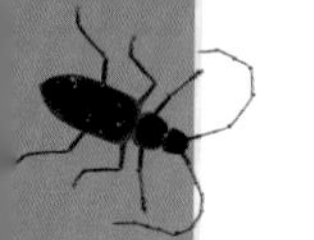

鳞翅目 Lepidoptera ▸ 目夜蛾科 Erebidae

# 血红美苔蛾 *Cyana sanguinea* (Bremer et Grey)

翅展 30 ~ 35mm。体白色，触角红褐色，足白色与褐色相间。翅面白色，前缘红带与内线相连，外线红带与翅外缘红带在臀角处相连；中室上角与下角具 2 个黑点。

本种在塞罕坝地区 1 年 1 代，7—8 月灯下可见成虫。

成虫（曹亮明摄）

鳞翅目 Lepidoptera ▸ 目夜蛾科 Erebidae

# 明痣苔蛾 *Stigmatophora micans* (Bremer & Grey)

翅展 32 ~ 42mm。体白色，头、颈板、腹部带橙黄色。翅面白色，前翅前缘和端线区橙黄色；内线斜置 3 个黑点；外线斜置 7 个黑点；亚端线 9 个黑点。

本种在塞罕坝地区 7 月灯下可见成虫，寄主植物不详。

成虫（曹亮明摄）

鳞翅目 Lepidoptera ▸ 目夜蛾科 Erebidae

# 斑灯蛾 *Pericallia matronula* (Linnaeus)

翅展 74～92mm。触角黑色，基节红色，额上部、复眼上方及颈板的边缘有红纹，颈板及翅基片黑褐色，外侧具黄带，胸部红色，中间具黑褐色宽纵带。前翅暗褐色，中室基部有 1 块黄斑，前缘区有 3～4 个黄斑，近臀角处有 1 个小黄点；后翅橙黄色，中线处具不规则黑色波状斑纹，有时减缩为点，横脉纹黑色新月形；亚端带黑色，有时相连、有时断裂。

本种是塞罕坝地区常见害虫之一，尤其 7 月灯下成虫数量较多，幼虫主要危害柳、菊科、车前草、金银花等植物。

成虫（曹亮明摄）

鳞翅目 Lepidoptera ▸ 目夜蛾科 Erebidae

# 净污灯蛾 *Spilarctia alba* (Bremer et Grey)

翅展 50～70mm。体白色，触角、前足、中足跗节黑色，肩角及翅基部下方红色，腹部背面红色。前翅前缘基半部黑色，翅亚端部中央具 2～3 个黑色斑点；后翅横脉纹具 1 个黑点。

本种在塞罕坝地区 7 月灯下可见成虫，寄主植物不详。

成虫（曹亮明摄）

**鳞翅目** Lepidoptera ▸ **目夜蛾科** Erebidae

## 污灯蛾 *Spilarctia lutea* (Hüfnagel)

翅展 30～42mm。体、翅面黄色。头、胸背面均有黄色长毛。前翅内线在翅前缘处有 1 个黑点，2A 脉上下各有 1 个黑点，中室上角有 1 个黑点。后翅颜色淡，中室端部有 1 个黑点。

本种在塞罕坝地区 7 月灯下可见成虫，幼虫主要取食酸模、车前等植物。

成虫（大唤起分场，灯诱，国志锋摄）

**鳞翅目** Lepidoptera ▸ **目夜蛾科** Erebidae

## 人纹污灯蛾 *Spilosoma subcarnea* (Walker)

翅展达 50mm。雄虫触角栉齿状，黑色。头、胸背面黄白色，腹部背面除基节与端节外红色，各节中央具黑色斑点。前翅黄白色，亚后缘近基部有 1 个黑色斑点，从 $Cu_1$ 脉到翅后缘有 1 排黑色斑点。

本种在塞罕坝地区 7 月灯下可见成虫，幼虫可危害桑、榆、杨、柳等植物。

成虫（国志锋摄）

# 舞毒蛾 *Lymantria dispar* (Linnaeus)

翅展 58～80mm。体黄白色，微带棕色，后翅横脉纹与亚端线为棕色，缘毛黄白色，有棕黑色斑点。前翅浅黄色，覆棕褐色鳞片，基线为 2 个黑褐色点，亚基线黑褐色，内线波纹状，黑褐色，中室中央有 1 个黑点，横脉纹黑褐色；中线为黑褐色晕带；外线黑褐色，呈曲折的锯齿状；亚端线黑褐色，与外线并行。

本种是塞罕坝地区常见害虫之一，发生量较大，7—8 月灯下优势种类。幼虫危害落叶松、栎、杨、柳、李、槐、榆、核桃、桦、榛、柿、桑等植物。

产卵（曹亮明摄）

卵块（曹亮明摄）

蛹（曹亮明摄）

成虫（曹亮明摄）

**鳞翅目** Lepidoptera ▸ **目夜蛾科** Erebidae

# 折带黄毒蛾 *Euproctis flava* (Bremer)

翅展 30～40mm。头、胸、腹黄色。前翅翅面黄色，内线、外线均为浅黄色，两线在翅中部折向后缘，两线之间具褐色鳞片，呈斑块状排列。后翅黄色。

本种幼虫在塞罕坝地区主要危害杉、松、榆、杨等植物。

成虫（曹亮明摄）

**鳞翅目** Lepidoptera ▸ **目夜蛾科** Erebidae

# 幻带黄毒蛾 *Euproctis varicans* (Walker)

翅展 30mm。头、胸、腹浅黄色。翅面黄色，前翅内线、外线均为白色，两线中部略微向外弯曲。翅外缘缘毛白色，较长。后翅浅黄色。

本种在塞罕坝地区 1 年 1 代，幼虫主要危害栎树。

成虫（曹亮明摄）

**鳞翅目** Lepidoptera ▸ **目夜蛾科** Erebidae

# 盗毒蛾 *Euproctis similis* (Fueszly)

翅展30～45mm。头、胸白色。触角干白色，栉齿棕黄色；下唇须白色，外侧黑褐色。翅面白色，前翅后缘臀角处有2～3个肾纹，有时肾纹消失。

本种幼虫主要危害栎类、枫杨、柳、桦、桑、槐等植物。有时局部区域发生量大。

成虫（曹亮明摄）

**鳞翅目** Lepidoptera ▸ **目夜蛾科** Erebidae

# 茸毒蛾 *Calliteara pudibunda* (Linnaeus)

翅展40～60mm。前翅翅面灰白色至褐色，分布黑色和褐色鳞片；亚基线黑色略带波浪形；内横线具黑色宽带，横脉纹灰褐色有黑边；外横线黑色双线大波浪形；缘线具1列黑褐色点，缘毛灰白色，有黑褐色斑。后翅白色带黑褐色鳞片，缘毛灰白色。雌虫色浅，内线和外线清晰，末端线和端线模糊。

本种是塞罕坝地区常见害虫之一，幼虫主要危害桦、榛、栎、栗、柳、杨、榆、椴、槭等树木。

成虫（国志锋摄）

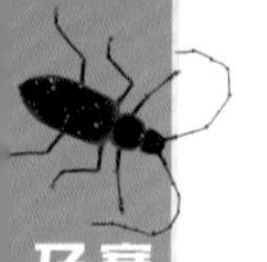



鳞翅目 Lepidoptera ▸ 目夜蛾科 Erebidae

## 柳毒蛾 *Leucome salicis* (Linnaeus)

翅展35～55mm。体、翅面白色，具丝绢光泽；足的胫节和跗节生有黑白相间的环纹。老熟幼虫头部灰黑色混有黄色毛；体黄色，背线褐色，亚背线黑褐色，体各节具瘤状突起，其上簇生黄白色长毛。

本种在塞罕坝地区7—8月灯下可见成虫，幼虫主要危害杨、柳、栎、栗等植物。

成虫（国志锋摄）

鳞翅目 Lepidoptera ▸ 目夜蛾科 Erebidae

## 杨毒蛾 *Leucome candida* (Staudinger)

翅展32～60mm。与柳毒蛾极为相似，体、翅面白色，具丝绢光泽；足的胫节和跗节生有黑白相间的环纹。其幼虫黑褐色，亚背线橙棕色，密布黑点。

本种在塞罕坝地区7—8月灯下可见成虫，幼虫主要危害杨、柳。

成虫（曹亮明摄）

鳞翅目 Lepidoptera ▸ 目夜蛾科 Erebidae

## 钩白肾夜蛾 *Edessena hamada* (Felder et Rogenhofer)

翅展可达 40～42mm。头、胸、腹灰色。翅面灰色，中部有 1 条白色肾纹，后 1/3 向外弯折；内线褐色较短，外线、亚端线褐色波浪形。后翅横纹褐色，翅中部有 1 个白点。

本种在塞罕坝地区 8 月灯下可见成虫，幼虫主要危害栎树叶片。

成虫（曹亮明摄）

鳞翅目 Lepidoptera ▸ 目夜蛾科 Erebidae

## 灰长须夜蛾 *Herminia tarsicrinalis* (Knoch)

翅展 28mm。头、胸灰褐色。前翅灰色，密布黑色细点，亚端区及端区色浓；内线黑色，波浪形外弯，肾纹细，外弯；外线黑色，外弯至亚中褶折向后，亚端线黑褐色，端线黑色。

本种在塞罕坝地区 8 月灯下可见成虫，幼虫主要取食枯叶。

成虫（国志锋摄）

鳞翅目 Lepidoptera ▸ 目夜蛾科 Erebidae

## 棘翅夜蛾 *Scoliopteryx libatrix* (Linnaeus)

翅展可达 35～40mm。体红褐色，翅基部、中室端部及中室后缘橘黄色，密布血红色细点，内线白色，自前缘脉外斜至中室前缘折向后，至中室后缘折角近呈直线外斜，环纹只有 1 个白点，肾纹窄，灰色，不清晰，前、后部各有 1 个黑点，外线双线白色，线间暗褐色，在前缘脉上为 1 个模糊白粗点。

本种在塞罕坝地区 8 月灯下可见成虫，幼虫主要危害杨树叶片。

成虫（国志锋摄）

鳞翅目 Lepidoptera ▸ 目夜蛾科 Erebidae

## 桥夜蛾 *Gonitis mesogona* Walker

翅展 35～38mm。触角丝状。体及前翅黄褐色，后翅灰褐色。前翅翅尖稍下垂，外缘中部外突成尖角。两翅合并时呈拱桥形花纹，每翅上各有 3 个黑点，1 个位于翅基部，2 个位于翅中部近前缘处。

本种在塞罕坝地区 7—8 月灯下可见成虫，幼虫主要危害蔷薇科覆盆子、锦葵科、栎等植物。

成虫（曹亮明摄）

鳞翅目 Lepidoptera ▸ 目夜蛾科 Erebidae

## 红齿夜蛾 *Naganoella timandra* (Alphéraky)

翅展25～27mm。头部桃红色，下唇须黄色，触角黄白色；胸部桃红色，腹部基节背面中央桃红色。前翅桃红色，内线黄色，夹有细白线，前缘区外半灰黄色，顶角至后缘具1条黄色斜带，内夹1条白色线，亚端线白色。后翅桃红色。

本种在塞罕坝地区7月灯下可见成虫，幼虫食物未知。

成虫（曹亮明摄）

鳞翅目 Lepidoptera ▸ 目夜蛾科 Erebidae

## 柳裳夜蛾 *Catocala electa* (Vieweg)

翅展可达70mm。头、胸褐色，颈板、翅基片黑色。前翅翅面灰色，内线锯齿形，黑色；外线内侧有1条黑色肾纹，肾纹内缘黑，外缘锯齿形；端线由白色点组成。后翅红色，有1条黑色弧形中带和较宽的端带。

本种在塞罕坝地区8月灯下可见成虫，幼虫主要危害杨柳科植物。

成虫（曹亮明摄）

鳞翅目 Lepidoptera ▸ 目夜蛾科 Erebidae

# 缟裳夜蛾 *Catocala fraxini* (Linnaeus)

成虫体长38～40mm，翅展87～90mm。前翅灰白色，密布黑色细点，基线黑色，内线双线黑色，波浪形，肾纹灰白色，中央黑色，后方有1个黑边的白斑，1条模糊黑线自前缘脉至肾纹，外侧另1条模糊黑线，锯齿形达后缘；外线双线黑色锯齿形，亚端线灰白色锯齿形，两侧衬黑色，端线为1列新月形黑点，外缘黑色波浪形；后翅黑棕色，中带粉蓝色，外缘黑色波浪形，缘毛白色。

本种在塞罕坝地区8月灯下可见成虫，幼虫主要危害柳、杨、榆、槭、椤等。

成虫（国志锋摄）

鳞翅目 Lepidoptera ▸ 目夜蛾科 Erebidae

# 奥裳夜蛾 *Catocala obscena* Alphéraky

翅展可达90mm。前胸背板及翅基部具黑褐色长毛；前翅灰白色，具黑色小点，前翅前缘红褐色；内线黑白色双线，波浪纹，肾纹黑色，延至外缘；外线黑白两色深锯齿形，白线在外，黑线内侧有暗绿色纹；外缘波浪形。

本种在塞罕坝地区8月灯下可见成虫。

成虫（曹亮明摄）

鳞翅目 Lepidoptera ▸ 目夜蛾科 Erebidae

# 筱客来夜蛾 *Chrysorithrum flavomaculata* (Bremer)

成虫体长 20～22mm，翅展 50～53mm。体暗褐色；基线灰色外弯，内线大波浪形外斜，后端折向内前方，中线黑色，微曲外斜，外线及亚端线曲度与客来夜蛾相似，线间棕黑色，呈“Y”字形，其内臂前端为 1 个三角形黑斑，翅外缘有 1 列黑点。

本种在塞罕坝地区 8 月灯下可见成虫，幼虫主要取食豆科植物。

成虫（曹亮明摄）

鳞翅目 Lepidoptera ▸ 目夜蛾科 Erebidae

# 齿恭夜蛾 *Euclidia dentata* Staudinger

成虫体长 11～12mm，翅展 31～33mm。头、胸褐色，前翅棕褐色，内线为深褐色斜三角斑纹，近前缘尖，向后渐宽；中线褐色波浪形，肾纹深褐色椭圆形，肾纹外侧有 1 个三角形褐斑；外线前段为 1 个梯形褐斑。后翅内半暗棕色，外半暗黄色，有 1 块黑色亚端带。

本种在塞罕坝地区 8 月灯下可见成虫，幼虫寄主植物不详。

成虫（国志锋摄）

鳞翅目 Lepidoptera ▸ 目夜蛾科 Erebidae

# 放影夜蛾 *Lygephila craccae* (Denis & Schiffermüller)

翅展50mm。头灰白色，前胸背板具黑色长毛。前翅灰白色，内线在前缘处褐色，其余部分灰白色；肾纹圆弧状，淡褐色；外线略显深色。

本种在塞罕坝地区8月灯下可见成虫，幼虫取食紫藤等豆科植物。

成虫（国志锋摄）

鳞翅目 Lepidoptera ▸ 目夜蛾科 Erebidae

# 巨影夜蛾 *Lygephila maxima* (Bremer)

翅展55mm。头黑色，额褐色，两触角间有1条黄白色横纹，颈板黑色并布有暗褐色细纹；前翅淡褐灰色，内线黑褐色，自前缘脉外斜至中室前缘，折角较直后行，中线黑褐色，模糊，在前缘区似1个斗形黑褐大斑，肾纹由黑小斑围绕，中央褐灰色，外线黑褐色，内侧灰色，不明显。

本种在塞罕坝地区8月灯下可见成虫，幼虫取食禾本科植物。

成虫（国志锋摄）

鳞翅目 Lepidoptera ▸ 目夜蛾科 Erebidae

## 枯艳叶夜蛾 *Eudocima tyrannus* (Guenée)

翅展70～85mm。头、胸褐色，腹杏黄色。触角丝状。前翅枯叶色深棕微绿；顶角很尖，外缘弧形内斜，后缘中部内凹；从顶角至后缘凹陷处有1条黑褐色斜线；内线黑褐色；翅脉上有许多黑褐色小点；翅基部和中央有暗绿色圆纹。

本种在塞罕坝地区8月灯下可见成虫，幼虫取食苹果、梨、桃、李、柿等植物。

成虫（曹亮明摄）

鳞翅目 Lepidoptera ▸ 瘤蛾科 Nolidae

## 希饰夜蛾 *Pseudoips sylpha* (Butler)

翅展40mm。体碧绿色，头浅绿色，前胸背板具深绿色长毛，翅基部具边缘白色的三角形长毛区；足背面黄色，腹面白色。前翅绿色，边缘黄色，内线不明显，外线和亚端线为白色和深绿色双线，斜直，外缘缘毛长，白绿相间。

本种在塞罕坝地区8月灯下可见成虫，幼虫取食栎树叶片。

成虫（曹亮明摄）

鳞翅目 Lepidoptera ▸ 瘤蛾科 Nolidae

# 苹美皮夜蛾 *Lamprothripa lactaria* (Graeser)

翅展可达21～24mm。头、胸、腹白色。前翅基半部纯白色，端半部褐色，中室处有黑色纹伸至前缘脉，翅外缘外线黑白相间，缘毛黑色。亚端线褐色白色相间，波浪形。后翅白色。

本种在塞罕坝地区7月灯下可见成虫，幼虫主要危害山丁子、苹果。

成虫（曹亮明摄）

鳞翅目 Lepidoptera ▸ 夜蛾科 Noctuidae

# 赛剑纹夜蛾 *Acronicta psi* (Linnaeus)

翅展37mm。头、胸及前翅灰白色。前翅有黑褐色细点，剑纹黑色，基剑纹分出1个向后的分枝，端剑纹穿越外线，内线双线黑色，外线黑色衬白。

本种在塞罕坝地区7月灯下可见成虫，幼虫危害桦树、李、蔷薇等植物。

成虫（曹亮明摄）

鳞翅目 Lepidoptera ▸ 夜蛾科 Noctuidae

## 皱地夜蛾 *Agrotis vestigialis* Hufnagel

翅展可达34mm。头、胸灰白色，间有褐色纹。前翅灰褐色，基线、内线双线黑色，双线间均有白色线。外线黑色，外衬白色；亚端线白色，内侧具1列矢形黑纹。

本种在塞罕坝地区7月可见成虫，幼虫危害杂草。

成虫（国志锋摄）

鳞翅目 Lepidoptera ▸ 夜蛾科 Noctuidae

## 暗地夜蛾 *Agrotis scotacra* (Filipjev)

翅展可达32mm。头、胸黄褐色。前翅灰褐色，翅前缘从基部到亚端部具黑褐色宽纹；内线黑色双线，中间有灰色线；环纹、肾纹深褐色；外线黑色不明显，亚端线黑色。

本种在塞罕坝地区7月可见成虫，幼虫寄主植物不详。

成虫（国志锋摄）

# 暗杂夜蛾 *Amphipyra erebina* Butler

成虫体长14mm，翅展41mm。体色变化大，塞罕坝地区所见个体头、胸及翅基部褐色。前翅褐色，中区黑色，基线及内线均双线黑褐色，后者波浪形，环纹为1圈褐色，不明显，肾纹不显，外线黑色，锯齿形，亚端线微白，内侧暗褐色，前端色更浓。

本种在塞罕坝地区7月灯下可见成虫，幼虫寄主植物不详。

成虫（曹亮明摄）



# 大丫纹夜蛾 *Autographa macrogamma* (Eversmann)

成虫体长17mm，翅展35mm。头、胸黄褐色，颈板后缘白色。前翅黄褐色，基线、内线、外线白色，衬有黄褐色边线；环纹褐色，后方有1个“Y”形银斑；肾纹灰色银边。

本种在塞罕坝地区7月灯下可见成虫，幼虫取食十字花科植物。

成虫（曹亮明摄）

鳞翅目 Lepidoptera ▸ 夜蛾科 Noctuidae

## 新靛夜蛾 *Belciana staudingeri* (Leech)

翅展 40mm。头、胸褐色，胸部有绿色斑纹。前翅黑褐色具绿色斑纹，顶角区域大部分黑褐色，外线内方大部灰绿色，基线及内线黑色，波浪形，内区前半部为 1 个近三角形黑斑。

本种在塞罕坝地区 7 月灯下可见成虫，寄主植物不详。

成虫（曹亮明摄）

鳞翅目 Lepidoptera ▸ 夜蛾科 Noctuidae

## 三斑蕊夜蛾 *Cymatophoropsis trimaculata* Bremer

翅展 35mm。头黑色，胸白色。前翅翅面黑褐色，翅基部、顶角、臀角各有 1 个圆形大斑，基部大斑最大，圆斑底色白色，中间椭圆褐色。后翅褐色。

本种在塞罕坝地区 7 月灯下可见成虫，主要危害鼠李科植物。

成虫（曹亮明摄）

鳞翅目 Lepidoptera ▸ 夜蛾科 Noctuidae

# 白带俚夜蛾 *Deltote deceptoria* (Scopoli)

成虫体长15mm，翅展33mm。头、胸暗褐色。前翅灰白色，有褐色斑纹，前缘脉黑色，翅中有三角形大褐斑，褐斑中部为白色环纹，环纹中央为褐色圆形斑；肾纹位于三角形大褐斑端部中央，具不闭合的白色缘线，肾纹褐色；亚端线白色，近前缘内侧有1个齿形黑斑。

本种在塞罕坝地区7月灯下可见成虫，幼虫取食豆科黄芪。

成虫（国志锋摄）

鳞翅目 Lepidoptera ▸ 夜蛾科 Noctuidae

# 碧金翅夜蛾 *Diachrysia nadeja* (Oberthür)

成虫体长18mm，翅展40mm。头、颈板金黄色，胸黄色。前翅具有“工”字形金绿色大斑，大斑中部内外侧褐色，大斑端部外侧灰色。

本种在塞罕坝地区7月灯下可见成虫，幼虫取食蓼科的何首乌、菊科的蜂斗菜、唇形花科的紫苏、荨麻科的荨麻等植物。

成虫（曹亮明摄）

成虫（国志锋摄）

鳞翅目 Lepidoptera ▸ 夜蛾科 Noctuidae

## 寒切夜蛾 *Euxoa sibirica* (Boisduval)

成虫体长 17mm，翅展 38mm。头、胸暗褐色。前翅暗褐色，基线双线黑色伸达亚中褶，内线双线黑色波浪形，微外斜，剑纹小，环纹有不完整的黑边，肾纹边缘微白，外线双线黑色细锯齿形，亚端线淡褐色。

本种在塞罕坝地区 7 月灯下可见成虫，幼虫取食大豆、豌豆、豆角等豆科植物以及玉米、茜草等植物。

成虫（国志锋摄）

鳞翅目 Lepidoptera ▸ 夜蛾科 Noctuidae

## 梳跗盗夜蛾 *Hadena aberrans* (Eversmann)

成虫体长 14mm，翅展 30mm。头、胸黄白色。前翅乳白色，内线内侧及外线外侧带有褐色，内线双线黑色波浪形，剑纹具黑边，环纹斜圆形具白色黑边，肾纹白色具黑边；外线双线黑色锯齿形；亚端线白色，略带波浪形，内侧 3～5 脉间有 2 个齿形黑点。

本种在塞罕坝地区 7 月可见成虫，幼虫取食毛茛科的白头翁。

成虫（国志锋摄）

鳞翅目 Lepidoptera ▸ 夜蛾科 Noctuidae

## 白条盗夜蛾 *Hadena compta* (Denis & Schiffermüller)

成虫体长 15mm，翅展 32mm。头乳白色，胸底色白带褐色纹。前翅白色，基线到环纹端部区域具黑色斑纹，环纹端部到外线间区域白色，肾纹白色具黑边，外线外侧黑褐色，亚端线褐色锯齿状。

本种在塞罕坝地区 7 月可见成虫，幼虫取食毛茛。

成虫（曹亮明摄）

鳞翅目 Lepidoptera ▸ 夜蛾科 Noctuidae

## 乌夜蛾 *Melanchra persicariae* (Linnaeus)

成虫体长 16mm，翅展 40mm。头、胸黑色。前翅黑色，翅脉深黑色；基线、内线波浪形双线黑色，环纹具黑边，肾纹白色；外线双线黑色锯齿形，亚端线灰白色，内侧有 1 列黑色锯齿纹。

本种在塞罕坝地区 8 月灯下可见成虫，幼虫可危害柳、桦、楸等植物，以及豆科的豌豆、大豆、油菜、茜草、甜菜等植物。

成虫（曹亮明摄）

鳞翅目 Lepidoptera ▸ 夜蛾科 Noctuidae

## 污秘夜蛾 *Mythimna impura* (Hübner)

成虫体长 15mm，翅展 33mm。头、胸浅褐色，前翅赭白色，翅脉白色衬有黑色，中室后带有黑褐色，各翅脉间有暗色纵纹，中室下角具 1 个黑点。

本种在塞罕坝地区 7 月可见成虫，幼虫取食禾本科植物。

成虫（国志锋摄）

鳞翅目 Lepidoptera ▸ 夜蛾科 Noctuidae

## 苍秘夜蛾 *Mythimna pallens* (Linnaeus)

成虫体长 15mm，翅展 33 ~ 35mm。头、胸淡黄色，前翅淡黄色，翅脉黄白色杂以淡褐色，各翅脉间有淡褐色纵纹，中室下角有 1 个黑点。后翅白色。

本种在塞罕坝地区 7 月可见成虫，幼虫取食禾本科植物。

成虫（国志锋摄）

鳞翅目 Lepidoptera ▸ 夜蛾科 Noctuidae

# 绒秘夜蛾 *Mythimna velutina* (Eversmann)

成虫体长 20mm，翅展 46mm。头、胸灰褐色，前翅淡灰褐色，翅脉白色，除前缘区外，各脉间带有黑褐色，亚端线以外带黑色；外线为 1 列锯齿形黑斑，前后端不明显，亚端线有 1 列锯齿形黑斑，端线黑色。

本种在塞罕坝地区 7 月可见成虫，幼虫寄主植物不详。

成虫（国志锋摄）

鳞翅目 Lepidoptera ▸ 夜蛾科 Noctuidae

# 草禾夜蛾 *Mesoligia furuncula* (Denis & Schiffermüller)

成虫体长 13mm，翅展 25mm。头、胸灰白色；前翅内半褐色，外半灰白色，内外线间在中室后黑色；内线白色，斜至中室后外弯；肾纹灰白色，边缘黑色。

本种在塞罕坝地区 7 月灯下可见成虫，幼虫主要取食禾本科植物的土层表面的根和茎。

成虫（曹亮明摄）

鳞翅目 Lepidoptera ▸ 夜蛾科 Noctuidae

## 黄裳银钩夜蛾 *Panchrysia dives* (Eversmann)

成虫体长 12mm，翅展 26～32mm。头、胸褐色；前翅在基线及内线端部有银纹，剑纹处有 1 个银斑并连接内线的银纹，肾纹及臀纹处均有明显的银纹；外线端半褐色，基半段黑色，近后缘处有 2 条银纹，亚端线为 1 列黑斑。

本种在塞罕坝地区 7 月灯下可见成虫，幼虫主要危害禾本科植物。

成虫（国志锋摄）

鳞翅目 Lepidoptera ▸ 夜蛾科 Noctuidae

## 稻金翅夜蛾 *Plusia putnami* (Grote)

成虫体长 13～19mm，翅展 32～37mm。头红褐色，胸背棕红色，腹浅黄褐色。前翅黄褐色，基部后缘区、端区具浅金色斑，内横线、外横线暗褐色，翅面中间具大银斑 2 个，缘毛紫灰色。

本种在塞罕坝地区 7 月灯下可见成虫，幼虫主要危害水稻、小麦、稗草等禾本科植物。

成虫（曹亮明摄）

鳞翅目 Lepidoptera ▸ 夜蛾科 Noctuidae

# 波莽夜蛾 *Raphia peustera* Püngeler

成虫体长 12～13mm，翅展 34～36mm。体灰白色，头、胸灰白色具黑色长毛。前翅灰白色，密布黑色细点；内线黑色，波浪形向内倾斜，肾纹黄色；外线双线黑色锯齿形；亚端线灰色，端线黑色。

本种在塞罕坝地区 7 月灯下可见成虫，幼虫寄主植物不详。

成虫（国志锋摄）

成虫（国志锋摄）

鳞翅目 Lepidoptera ▸ 夜蛾科 Noctuidae

# 修虎蛾 *Sarbanissa transiens* (Walker)

翅展可达 45～48mm。头、胸棕色杂有黑色绒毛。前翅棕红色，内线、外线灰白色；翅 1/3 处有 1 个椭圆形红斑，中部有 1 个方形大红斑，大红斑外 1 个宽白色横带，顶角区域棕红色。后翅黄色，端部为棕色宽横带。

本种幼虫主要危害葡萄、山葡萄等植物。

成虫（曹亮明摄）

鳞翅目 Lepidoptera ▸ 夜蛾科 Noctuidae

## 丹日明夜蛾 *Sphragifera sigillata* (Ménétriès)

翅展40mm。头、胸白色。翅面白色，散布褐色细点，亚断区有1个大棕色斑，外缘三角形，内缘弧形，近桃形。后翅白色。

本种成虫具趋光性，7月塞罕坝低海拔地区可见，幼虫可危害桦、山核桃。

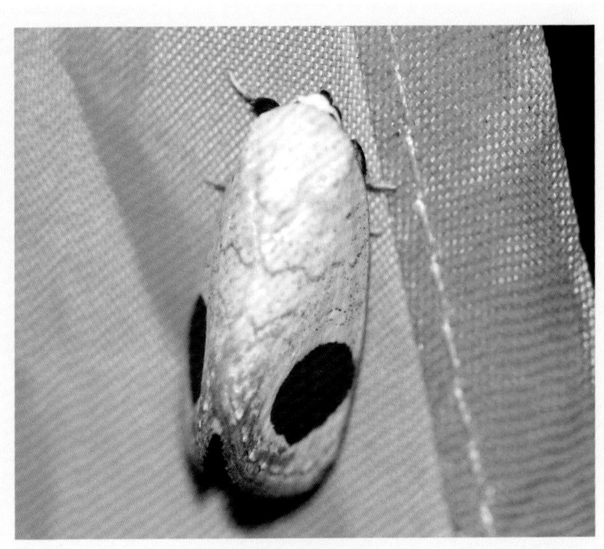

成虫（曹亮明摄）

鳞翅目 Lepidoptera ▸ 夜蛾科 Noctuidae

## 黑环陌夜蛾 *Trachea melanospila* Kollar

翅展50mm。头部具暗绿色长毛；颈板端半部、翅基片外半暗绿色。前翅黑褐色间苔绿色，肾纹周围、基线两侧、前缘脉后及外线外方苔绿色。内线双线黑色，肾纹中央有1条弧形白线，外线双线黑色，锯齿形。后翅白色，端半部褐色，外线暗褐色。

本种在塞罕坝地区7月灯下可见成虫，幼虫主要取食荞麦。

成虫（曹亮明摄）

鳞翅目 Lepidoptera ▸ 夜蛾科 Noctuidae

## 谐夜蛾 *Acontia trabealis* (Scopoli)

翅展25mm。头、胸黄色具黑色纹，下唇须黄色，向前伸出。翅面黄色，前缘脉有4个黑色圆斑点，顶角1个斜纹，中室上方具1大2小的3个黑斑，中室及1A脉具2条黑色纵线，臀角至顶角形成1条不连续的黑纹。后翅褐色无斑点。

本种在塞罕坝地区1年1代，主要危害红薯、田旋花。

成虫（曹亮明摄）

鳞翅目 Lepidoptera ▸ 夜蛾科 Noctuidae

## 银锭夜蛾 *Macdunnoughia crassisigna* (Warren)

翅展可达30～35mm。头、胸部背面褐色。前翅深褐色，翅中部有1个锭形银斑，肾形纹外侧具1条银色纵线，亚端线细锯齿形，后翅褐色。

本种在塞罕坝地区1年2代，8月灯下可见成虫，主要危害胡萝卜、牛蒡、菊等植物。

成虫（曹亮明摄）

鳞翅目 Lepidoptera ▸ 天蛾科 Sphingidae

## 葡萄天蛾 *Ampelophaga rubiginosa* Bremer & Grey

前翅长达45mm。体褐色。前胸背板到腹部末端中央有1条白线，胸背板两侧边缘白色。前翅前缘直，顶角处呈锐角突出，内线、中线、外线逐渐变粗，深褐色。后翅褐色，外缘和臀角处有深褐色横纹。

本种幼虫主要危害葡萄科植物。

成虫（曹亮明摄）

鳞翅目 Lepidoptera ▸ 天蛾科 Sphingidae

## 黄脉天蛾 *Laothoe amurensis* Staudinger

前翅长40～45mm。翅灰褐色；翅上斑纹不明显，内线、中线、外线棕黑色波状，外缘自顶角到中部有棕黑色斑，翅脉披黄褐色鳞毛，较明显。后翅颜色与前翅相同，横脉黄褐色明显。

本种幼虫危害杨、桦、椴树。

成虫（曹亮明摄）

鳞翅目 Lepidoptera ▸ 天蛾科 Sphingidae

# 榆绿天蛾 *Callambulyx tatarinovi* Bremer & Grey

翅展可达70mm。体绿色，胸部背面深绿色。前翅顶角有1个深绿色的三角形斑纹，前翅后缘逐渐过渡至黑色。后翅红色，近后缘处绿色。腹部绿色，各节间有白色横纹。触角淡黄色，足褐色。

本种在塞罕坝地区7月成虫灯下可见，幼虫主要危害榆树。

成虫（曹亮明摄）

鳞翅目 Lepidoptera ▸ 天蛾科 Sphingidae

# 白环红天蛾 *Deilephila askoldensis* (Oberthür)

翅展50mm。体红褐色，头至肩板、胸部两边具灰白色毛，腹部两侧橙黄色，各节间有白色环纹。前翅狭长橙红色，内横线不明显，中线较宽棕绿色，外线呈较细的波纹状。顶角有1条向外倾斜的棕绿色斑。

本种在塞罕坝地区7—8月成虫灯下可见，幼虫寄主植物有山梅花、紫丁香、葡萄、鼠李等。

成虫（国志锋摄）

鳞翅目 Lepidoptera ▸ 天蛾科 Sphingidae

# 绒星天蛾 *Dolbina tancrei* Staudinger

成虫体长26～34mm，翅展50～82mm。体背灰白色，有黄白色斑纹。前翅灰褐色，中室端部有1个白色斑点，斑外有黑色晕环，内、外横线各由3条锯齿状褐色横纹组成，翅基也有褐色带组，亚外缘线白色，外缘有褐斑列，顶角处褐斑最大，后翅棕褐色。腹部背中线黑色，两侧有褐色短斜纹。

本种在塞罕坝地区7—8月灯下可见成虫，幼虫寄主植物有木犀科的水曲柳、女贞、秦皮等。

成虫（曹亮明摄）

鳞翅目 Lepidoptera ▸ 天蛾科 Sphingidae

# 深色白眉天蛾 *Hyles gallii* (Rottemburg)

翅长35～43mm。体、翅墨绿色，头及肩板两侧有白色绒毛，触角棕黑色，端部灰白色；胸部背面褐绿色，腹部背面两侧有黑白色斑，腹部腹面墨绿色，节间白色。前翅前缘墨绿色，翅基有白色鳞毛，自顶角至后缘接近基部有污黄色斜带，亚外缘线至外缘呈灰褐色带。

幼虫主要危害茜草、月见草等植物。

成虫（曹亮明摄）

鳞翅目 Lepidoptera ▸ 天蛾科 Sphingidae

## 白须绒天蛾 *Kentrochrysalis sieversi* Alphéraky

翅展92～120mm。头灰白色，触角腹面棕色，背面灰白色，近端部有1个黑斑；颈板及肩板外缘灰白色，内缘黑色，背板灰色，后缘有黑白色斑各1对；腹部背线棕黑色，两侧有较宽的黑色纵带。前翅灰褐，内线、中线及外线棕黑色锯齿形，唯中线较宽，中室端有白色斑，缘毛成间断的黑白色横点。

本种幼虫寄主植物为木犀科植物。

成虫（曹亮明摄）

鳞翅目 Lepidoptera ▸ 天蛾科 Sphingidae

## 构月天蛾 *Parum colligata* (Walker)

翅展可达80mm。体浅绿色，胸部背板两侧深褐色，腹部各节背板中央具绿色三角形斑纹，节间浅绿色，分节明显。前翅基部具1个扇形深色宽斑纹，中室具1个三角形白色斑，顶角具1个圆形深色斑，顶角至后角有月牙形白色纹。

本种在塞罕坝地区7月灯下可见成虫，幼虫可危害桑树、构树。

成虫（曹亮明摄）

鳞翅目 Lepidoptera ▸ 天蛾科 Sphingidae

## 盾天蛾 *Phyllosphingia dissimilis* Bremer

翅展可达110mm。体褐色，胸部背面中央1条粗的黑色纵纹。前翅前缘中央有1个盾形斑纹，盾形斑纹基缘为宽黑色纹。前翅顶角有1个月牙形斑纹，前翅翅脉黄褐色，颜色淡于翅面颜色。

本种在塞罕坝地区7月灯下可见成虫，幼虫可危害核桃。

成虫（曹亮明摄）

鳞翅目 Lepidoptera ▸ 天蛾科 Sphingidae

## 杨目天蛾 *Smerinthus caecus* Ménétriés

翅长30～35mm。胸部背板棕褐色；腹部两侧有白色纹。翅红褐色，前翅内线、中线及外线棕褐色，中室上有灰白色细长斑，下有棕褐色斑1块，后角有橙黄色斑1块，顶角有棕黑色三角形斑。后翅暗红色，后角有棕黑色目形斑，斑的中间有2条灰粉色弧形纹。

本种在塞罕坝地区7月灯下可见成虫，寄主植物为杨、柳。

成虫（曹亮明摄）

鳞翅目 Lepidoptera ▸ 天蛾科 Sphingidae

# 红节天蛾 *Sphinx constricta* (Butler)

翅长 40～45mm。头灰褐色，颈板及肩板外侧灰粉色；胸部背面棕黑色，后胸背有成丛的黑基白梢鳞毛；腹部背线成较细的黑纵条，各节两侧前半部粉红色，后半部有较狭的黑色环，腹面白褐色。前翅基部色淡，内线及中线不明显，外线呈棕黑波状纹，中室有较细的纵横交叉黑纹。

本种在塞罕坝地区 7 月灯下可见成虫，寄主植物为白蜡树、丁香。

成虫（国志锋摄）

鳞翅目 Lepidoptera ▸ 刺蛾科 Limacodidae

# 黄刺蛾 *Monema flavescens* Walker

翅展 30～40mm。头、胸部背面黄色；腹背黄褐色。前翅内半部黄色，外半部黄褐色，有 2 条暗褐色斜线，在翅尖前汇合于一点，呈倒“V”形，内面 1 条伸到中室下角，几成两部分颜色的分界线，外面 1 条稍外曲。伸达臀角前方，但不达于后缘，横脉纹为 1 个暗褐色点。后翅黄色或赭褐色。

本种在塞罕坝地区 7 月灯下可见成虫，幼虫主要危害悬铃木、枣、板栗、核桃等。

成虫（曹亮明摄）

鳞翅目 Lepidoptera ▸ 刺蛾科 Limacodidae

## 梨刺蛾 *Narosoideus flavidorsalis* (Staudinger)

翅展 29 ~ 36mm。体黄褐色。雌虫触角丝状，雄虫触角羽毛状。胸部背面有黄褐色鳞毛。前翅黄褐色至暗褐色，外缘为深褐色宽带，前缘有近似三角形的褐斑。后翅褐色至棕褐色，缘毛黄褐色。

本种在塞罕坝地区 7 月灯下可见成虫，幼虫主要危害梨、桃、李、杏等植物。

成虫（曹亮明摄）

鳞翅目 Lepidoptera ▸ 刺蛾科 Limacodidae

## 褐边绿刺蛾 *Parasa consocia* Walker

翅展 36 ~ 40mm。体绿色。前翅基部浅褐色，外缘是黄褐色弧形宽横带。后翅青绿色。足黄褐色，腿节和跗节具长毛。

本种在塞罕坝地区 7 月灯下可见成虫，5—6 月可见幼虫在叶片上取食危害。主要危害槐、悬铃木等植物。

成虫（曹亮明摄）

鳞翅目 Lepidoptera ▸ 刺蛾科 Limacodidae

# 中华绿刺蛾 *Parasa sinica* Moore

成虫翅展 20～32mm。体绿色。前翅基部浅褐色，但此褐色斑较褐边绿刺蛾小，前翅外缘褐色，弧形内弯，但在 $Cu_2$ 脉处呈齿状突起，此处也有别于褐边绿刺蛾。后翅灰褐色，臀角黄色。

本种在塞罕坝地区 6—7 月灯下可见成虫，幼虫主要危害桃、杏、核桃、槐等植物。

成虫（曹亮明摄）

鳞翅目 Lepidoptera ▸ 刺蛾科 Limacodidae

# 长腹凯刺蛾 *Caissa longisaccula* Wu et Fang

成虫翅展 25～30mm。体黄褐色。前翅基部黄白色，前缘褐色；前翅中部具灰色横带，两边为褐色纹；前翅后半中部有灰褐色纵纹。

本种在塞罕坝地区 7 月灯下可见成虫，幼虫主要危害栎树。

成虫（曹亮明摄）

鳞翅目 Lepidoptera ▸ 草螟科 Crambinae

# 茴香薄翅螟 *Evergestis extimalis* (Scopoli)

成虫体长 11～13mm，翅展 28mm。体黄褐色。头圆形黄褐色。触角微毛状。下唇须向前平伸，第 2、3 节末端具褐色鳞。下颚须白色。胸部、腹部背面浅黄色，下侧具白鳞。前翅浅黄色，翅外缘具暗褐色边缘，翅后缘有宽边。后翅浅黄褐色，边缘具褐色曲线。

本种在塞罕坝地区 7—8 月灯下可见成虫，幼虫主要危害茴香、甜菜、白菜、油菜、荠菜、萝卜、甘蓝、芥菜等植物。

成虫（国志锋摄）

鳞翅目 Lepidoptera ▸ 草螟科 Crambinae

# 八目棘趾野螟 *Anania funebris* (Strom)

翅展 23～26mm。头黑色，颈板至胸部背面两侧具黄色长毛。前、后翅黑色，各翅均有 2 枚圆形白斑，外侧斑较大。腹部节间具白色环纹。

本种在塞罕坝地区 7 月可见成虫，幼虫寄主植物不详。

成虫（国志锋摄）

鳞翅目 Lepidoptera ▸ 草螟科 Crambinae

# 四斑绢野螟 *Glyphodes quadrimaculalis* Bremer et Grey

翅展 33～37mm。头淡黑褐色，两侧有细白条，触角黑褐色，下唇须向上伸，下侧白色，其余部分黑褐色。胸、腹部黑色，两侧白色。前翅黑色有 4 个白斑，最外侧一个延伸成 4 个小白点。后翅底色白有闪光，沿外缘有黑色宽缘。

本种在塞罕坝地区 7 月灯下可见成虫，幼虫寄主植物不详。

成虫（曹亮明摄）

鳞翅目 Lepidoptera ▸ 草螟科 Crambinae

# 屈喙野螟 *Goniorhynchus clausalis* (Christoph)

翅展 18～20mm。头顶褐色，颈板黄褐色，胸、腹部金黄色，腹部各节间有白色环纹。前翅金黄色有光泽，前缘颜色深，中部近前缘有 1 个月牙形褐纹。

本种在塞罕坝地区 7 月灯下可见成虫，幼虫取食唇形科植物。

成虫（国志锋摄）

**鳞翅目** Lepidoptera ▸ **草螟科** Crambinae

# 绵卷叶野螟 *Syllepte derogata* Fabricius

翅展 22～30mm。体金黄色，略带金属光泽。前翅基线、内线黑色，波浪形，中部具 2 小 1 大的 3 个环纹，大环长椭圆形；外线黑褐色，中部外凸，亚端线弧形呈波浪状。缘毛长，黑白相间。

本种在塞罕坝地区 7 月可见成虫，幼虫主要危害蜀葵、木槿、梧桐、木棉等植物。

成虫（曹亮明摄）

**鳞翅目** Lepidoptera ▸ **草螟科** Crambinae

# 豆荚野螟 *Maruca vitrata* (Fabricius)

翅展 24～26mm。胸、腹部背面茶褐色。翅暗褐色。前翅中室内有 1 个方形透明斑。中室外由翅前缘至 $Cu_2$ 脉间有 1 个方形透明斑，中室下侧有 1 个小透明斑。后翅白色，外缘暗褐色，中室内有 1 个黑点和 1 条黑色环纹及波纹状细线。双翅外缘线黑色，缘毛黑褐色有闪光，翅顶角下及后角处缘毛白色。

本种在塞罕坝地区 7 月可见成虫，幼虫主要危害豇豆、菜豆、扁豆、四季豆、豌豆、蚕豆等植物。

成虫（曹亮明摄）

鳞翅目 Lepidoptera ▸ 草螟科 Crambinae

## 淡黄栉野螟 *Tylostega tylostegalis* Hampson

翅展 19～24mm。颈板黄白色，具褐色斑。前翅淡黄色，基部具黑色或暗褐色斑；内线黑褐色，前缘处较宽；外线波状弯曲；沿外缘有一系列黑色小斑。前、后翅缘毛淡黄褐色，基部色稍深。腹部背面第 1 节白色，其余淡黄色，第 2～5 节散布褐色或黑褐色鳞片。

本种在塞罕坝地区 7 月可见成虫，幼虫寄主植物不详。

成虫（曹亮明摄）

鳞翅目 Lepidoptera ▸ 草螟科 Crambinae

## 尖锥额野螟 *Sitochroa verticalis* (Linnaeus)

翅展 26～28mm。淡黄色。头、胸及腹部杂有褐色鳞片。下唇须下侧白色。前翅各脉纹黑色，内横线黑褐色向外倾斜波纹状弯曲，中室内有 1 条环形斑纹，中室端脉斑黑褐色卵圆形，外横线黑褐色细锯齿状，在 $Cu_2$ 脉处向内弯曲至中室下角再伸展至后缘，亚外缘线细锯齿状，翅前缘及外缘黑色。

本种在塞罕坝地区 7 月可见成虫，幼虫主要危害甜菜、苜蓿、荨麻等植物。

成虫（曹亮明摄）

鳞翅目 Lepidoptera ▸ 草螟科 Crambinae

# 伊锥歧角螟 *Cotachena histricalis* (Walker)

翅长约10mm。头、胸、腹金黄色。复眼黑色，触角颜色稍深于头部，腹部节间具白色纹。触角长度稍短于体长。前翅黄色，翅中部有3块白色斑纹，镶有褐色边，端部两白斑周围有深色鳞片。后翅均匀黄色。

本种在塞罕坝地区6月灯下可见成虫，幼虫主要危害朴树叶片。

成虫（曹亮明摄）

鳞翅目 Lepidoptera ▸ 螟蛾科 Pyralidae

# 红云翅斑螟 *Oncocera semirubella* (Scopoli)

翅展19～29mm。头顶被淡黄色隆起鳞毛。前翅前缘白色，后缘黄色，中部桃红色，有的中部为黄色和棕褐色纵带所替代；内、外线均消失；缘毛红色。后翅茶褐色，缘毛黄白色，缘线黄褐色。

本种在塞罕坝地区7月灯下可见成虫，幼虫主要危害苜蓿等豆科植物。

成虫（国志锋摄）

鳞翅目 Lepidoptera ▸ 螟蛾科 Pyralidae

## 球果梢斑螟 *Dioryctria pryeri* Ragonot

翅展 22～28mm。前翅红褐色，基线及内线银白色向外倾斜，中室端脉斑白色细条纹状，外线白色弯曲中部向外突出成钝角，外缘线黑色。后翅灰褐色，外缘及翅脉暗褐色。双翅缘毛灰褐色。

本种在塞罕坝地区 7—8 月灯下可见成虫，幼虫危害油松、樟子松嫩枝及果实。

成虫（曹亮明摄）

鳞翅目 Lepidoptera ▸ 螟蛾科 Pyralidae

## 麻楝棘丛螟 *Termioptycha margarita* (Butler)

翅展 28mm。头部白色混杂有黑色鳞片。前翅基部白色，基线至内线之间褐色，前缘中部有黑褐色长形斑纹，中室端有黑点，外线白色波纹状在中部向外弯曲，外线以外褐色。

本种在塞罕坝地区 8 月灯下可见成虫，寄主植物不详。

成虫（曹亮明摄）

鳞翅目 Lepidoptera ▸ 舟蛾科 Notodontidae

# 短扇舟蛾 *Clostera curtuloides* (Erschoff)

成虫体长12～16mm，翅展27～38mm。体灰红褐色，头顶到胸中部暗棕红色，臀毛簇末端棕黑色。前翅灰红褐色；顶角斑暗红褐色，亚基线、内线和外线灰白色具暗边；亚基线和内线较直，略向外斜，彼此接近平行。

本种在塞罕坝地区7月灯下可见成虫，幼虫危害杨、柳等植物。

成虫（曹亮明摄）

鳞翅目 Lepidoptera ▸ 舟蛾科 Notodontidae

# 仿白边舟蛾 *Paranerice hoenei* Kiriakoff

成虫体长21～24mm，翅展49～60mm。头、颈板和前胸背部暗褐色，其余胸和腹部灰褐色，翅基片灰白色。前翅前半部暗褐色，后方边缘直，黑褐色；后半部在分界处白色，往后逐渐变成灰白色，中央有1个大黑褐色梯形斑，具白边。

本种在塞罕坝地区7月灯下可见成虫，幼虫危害榆树。

成虫（曹亮明摄）

鳞翅目 Lepidoptera ▸ 舟蛾科 Notodontidae

## 核桃美舟蛾 *Uropyia meticulodina* (Oberthür)

翅展可达60mm。前翅棕色，前缘黄褐色斑较大，伸达接近顶角处，色斑端部具4条亮白色横线，后缘黄褐色斑小，椭圆形，具4条亮白色横线。后翅淡黄色。

本种在塞罕坝地区7—8月灯下可见成虫，主要危害核桃。

成虫（曹亮明摄）

鳞翅目 Lepidoptera ▸ 舟蛾科 Notodontidae

## 侯羽齿舟蛾 *Ptilodon hoegei* Graeser

翅展55mm。体、前翅暗棕褐色；基线双波形曲，从前缘伸至A脉；内线锯齿形；外线双股微锯齿形，靠内面1条较粗，靠外面1条模糊影状，从外线到翅顶的前缘上有3个灰白点；亚端线锯齿形，为1条模糊的宽带；端线细，明亮；横脉纹不清晰。

本种在塞罕坝地区7月灯下可见成虫，幼虫危害槭树。

成虫（曹亮明摄）

鳞翅目 Lepidoptera ▸ 舟蛾科 Notodontidae

# 槐羽舟蛾 *Pterostoma sinicum* Moore

成虫体长21～30mm，翅展56～80mm。头和胸部稻黄带褐色，颈板前、后缘褐色。腹部背面暗灰褐色，末端黄褐色。前翅稻黄褐色至灰黄白色，后缘梳形毛簇暗褐色至黑褐色，其中内面的一个较显著；翅脉黑褐色，脉间具褐色纹；基线、内线和外线暗褐色，双股锯齿形。

本种在塞罕坝地区7月灯下可见成虫，幼虫危害国槐。

成虫（曹亮明摄）

成虫（曹亮明摄）

鳞翅目 Lepidoptera ▸ 舟蛾科 Notodontidae

# 黄斑舟蛾 *Notodonta dembowskii* Oberthür

成虫体长15～18mm，翅展43～48mm。头和胸部背面暗灰褐色。腹部背面灰褐色。前翅暗灰褐色；内、外线之间的后缘和外线外的前缘处各有1个浅黄色斑；内线以内的基部下半部暗红褐色，其内具黑色亚中褶纹；内线暗红褐色，波浪形，内衬灰白边；外线双股平行，外曲。

本种在塞罕坝地区7月灯下可见成虫，幼虫危害桦树。

成虫（曹亮明摄）

鳞翅目 Lepidoptera ▸ 舟蛾科 Notodontidae

# 间蕊舟蛾 *Dudusa distincta* Mell

成虫体长 33 ~ 42mm，翅展 71 ~ 104mm。头暗褐色，颈板和胸背面褐黄色。前胸中央有 2 个黑点，冠形毛簇和腹背基毛簇端部黑色。臀毛簇黑色。前翅黄褐偏褐色，基区褐色尤其明显，基部黄白色有 3 个小黑点。

本种在塞罕坝地区 7 月灯下可见成虫，幼虫危害槭树。

成虫（曹亮明摄）

鳞翅目 Lepidoptera ▸ 舟蛾科 Notodontidae

# 锯纹林舟蛾 *Drymonia dodonides* (Staudinger)

成虫体长 13 ~ 16mm，翅展 35 ~ 39mm。头暗褐色，胸部背面暗褐掺有灰白色。前翅褐灰色，基线不清晰锯齿形；内线波浪形，其中在亚中褶上曲度稍大；外线锯齿形，外侧衬暗边较宽，从前缘向后渐窄；基线与内线间较暗；从内线到翅中央有 1 条中央窄、前后宽的暗褐色带。

本种在塞罕坝地区 7 月灯下可见成虫，幼虫危害栎树。

成虫（曹亮明摄）

鳞翅目 Lepidoptera ▸ 舟蛾科 Notodontidae

# 栎枝背舟蛾 *Harpyia umbrosa* (Staudinger)

翅展 48～52mm。头和胸部黑褐色，翅基片灰白色具黑边；腹部灰褐色；前翅褐灰色，外半部翅脉黑色。幼虫头浅红褐色，体深绿色上散布许多黄白点，腹背枝形突起灰紫褐色，突起基部有 1 个大的灰紫色网状斑，斑内具黄白点，胸部背线和亚背线白色。

本种在塞罕坝地区 1 年 1 代，幼虫主要危害栎类植物。

幼虫（曹亮明摄）

鳞翅目 Lepidoptera ▸ 舟蛾科 Notodontidae

# 烟灰舟蛾 *Notodonta torva* (Hübner)

成虫体长 16～18mm，翅展 40～47mm。头和胸部背面灰褐色，翅基片边缘黑色。腹部背面灰褐色。前翅暗灰褐色，内线双线黄黑相间，内线以内区域黑色，内线外侧近前缘灰白色，外线双线波浪形。

本种在塞罕坝地区 7 月灯下可见成虫，幼虫危害杨、柳。

成虫（国志锋摄）

鳞翅目 Lepidoptera ▸ 舟蛾科 Notodontidae

# 燕尾舟蛾 *Furcula furcula* (Clerck)

成虫体长14～16mm，翅展33～41mm。头和颈板灰色。翅基片灰色。胸部背面有4条黑带，带间赭黄色。前翅灰色，基部有2个黑点；亚基线由4～5个黑点组成，排成拱形；内横带黑色，中间收缩，两侧饰赭黄色点。

本种在塞罕坝地区7月灯下可见成虫，幼虫危害杨、柳。

成虫（国志锋摄）

鳞翅目 Lepidoptera ▸ 舟蛾科 Notodontidae

# 杨二尾舟蛾 *Cerura menciana* Moore

翅展可达80mm。体、翅面灰白色。胸背面有2列4个黑点。前翅具黑色脉纹，上有整齐的黑点和黑波纹，基部2个黑点，亚基线由8个黑点组成。后翅白色，外缘有7个黑点。

本种在塞罕坝地区1年1代，幼虫主要危害杨、柳。

成虫（曹亮明摄）

鳞翅目 Lepidoptera ▸ 舟蛾科 Notodontidae

# 杨剑舟蛾 *Pheosia rimosa* Packard

成虫体长18～23mm，翅展43～57mm。头暗褐色，颈板和胸背灰色。前翅褐色，中部有1条白色条带，后缘颜色最深，前缘端部1/2到顶角处有黑色斑。

本种在塞罕坝地区1年1代，幼虫主要危害杨树。

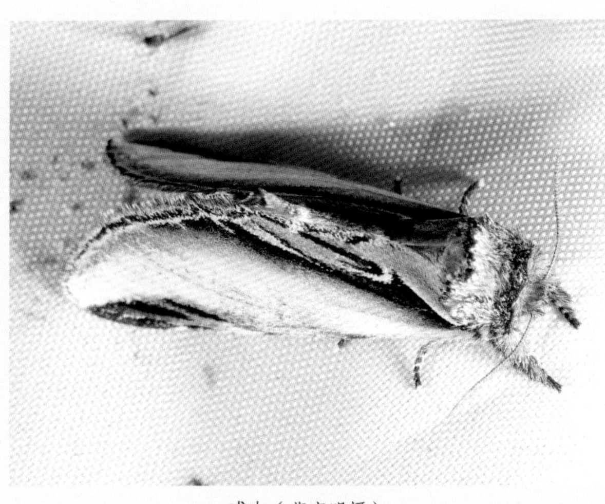

成虫（曹亮明摄）

鳞翅目 Lepidoptera ▸ 舟蛾科 Notodontidae

# 榆白边舟蛾 *Nerice davidi* Oberthür

成虫体长14～20mm，翅展32～45mm。头和胸部背面暗褐色，翅基片灰白色。腹部灰褐色。前翅内、外线黑色，内线只有后半段较可见，并在中室中央下方膨大成1个近圆形的斑点；外线锯齿形，只有前、后段可见，前段横过前缘灰白斑中央，后段紧接分界线齿形曲的尖端内侧。

本种在塞罕坝地区7—8月灯下可见成虫，主要危害榆树。

成虫（曹亮明摄）

鳞翅目 Lepidoptera ▸ 舟蛾科 Notodontidae

# 赭小舟蛾 *Micromelalopha haemorrhoidalis* Kiriakoff

翅展 26～30mm。头、胸暗红褐色，腹部灰褐色。前翅灰褐带紫色，中室下的后缘区和顶角下（特别是 3～6 脉间）暗红褐色，3 条灰白色横线与杨小舟蛾近似，但不如后者清晰。

本种在塞罕坝地区 7 月灯下可见成虫，幼虫寄主植物不详。

成虫（曹亮明摄）

鳞翅目 Lepidoptera ▸ 鞘蛾科 Coleophoridae

# 华北落叶松鞘蛾 *Coleophora sinensis* Yang

成虫体长 3～4mm，翅展 8.5～11mm。翅狭长，被银灰色鳞片，后缘具长缘毛，有光泽，前翅顶端 1/3 部分颜色稍浅。老熟幼虫体长约 5mm，黄褐色。蛹红色至黄褐色，多位于落叶松松针上。

本种在塞罕坝地区 1 年 1 代，是华北落叶松主要害虫之一。幼虫取食落叶松叶肉，通常在 8—9 月做鞘。

未羽化蛹（曹亮明摄）

已羽化蛹（曹亮明摄）

# 菊细卷蛾 *Aethes cnicana* (Westwood)

翅展13mm。头黄色。前翅淡银黄色，具黑斑。前缘基部1/5及亚端部褐色，中带宽，褐色，近前缘处不连贯。后翅银白色。前、中足褐色，后足淡黄褐色。

本种在塞罕坝地区7月灯下可见成虫，幼虫主要危害飞廉、小蓟等菊科植物。

成虫（曹亮明摄）



# 松线小卷蛾 *Zeiraphera griseana* (Hübner)

翅展18～24mm。前翅灰色，基斑黑褐色，约占前翅的1/3，斑纹中间外凸，呈箭头状；基斑和中带之间银灰色，上下宽、中间窄；中带由4个黑斑组成，从前线中部延伸至臀角；顶角银灰色，近顶角和外缘处各有大小不等的3个黑斑。后翅灰褐色，缘毛黄褐色。静止时全体呈钟状，两前翅和中带之间合成1个银灰色三角形。

本种在塞罕坝地区7月灯下可见成虫，幼虫主要危害华北落叶松。

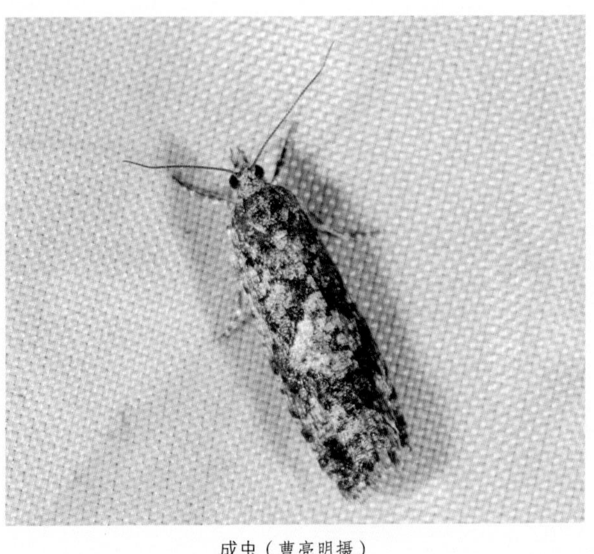

成虫（曹亮明摄）

鳞翅目 Lepidoptera ▸ 卷蛾科 Tortricidae

## 白钩小卷蛾 *Epiblema foenella* (Linnaeus)

翅折叠于身体背面时体长约20mm。头、胸褐色，前翅深褐色，前翅后缘基部1/3处伸出1条钩状白带伸向外缘，前翅外缘具宽白色横带，横带上有黑色点斑。后翅褐色。

本种在塞罕坝地区7月灯下可见成虫，幼虫主要危害艾草。

成虫（曹亮明摄）

鳞翅目 Lepidoptera ▸ 羽蛾科 Pterophoridae

## 胡枝子小羽蛾 *Fuscoptilia emarginatus* (Snellen)

翅展17～25mm。头白色，胸部、前翅黄褐色，腹部白色。前翅翅中部和裂口处各有1个黑褐斑，后缘基部1/3处有1个褐斑。

本种在塞罕坝地区7月灯下可见成虫，幼虫主要危害豆科的胡枝子。

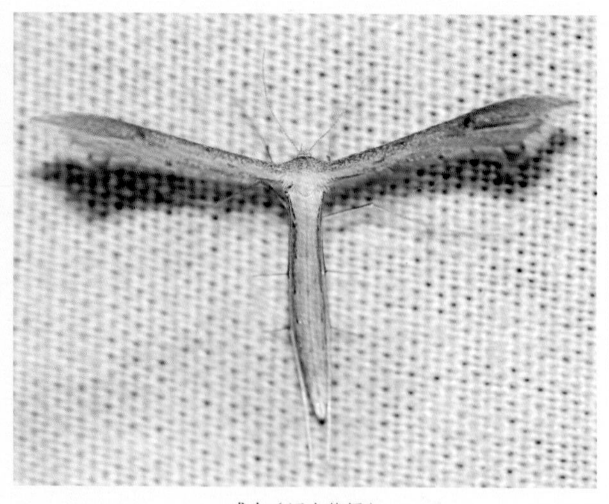

成虫（国志锋摄）

鳞翅目 Lepidoptera ▸ 菜蛾科 Plutellidae

## 小菜蛾 *Plutella xylostella* (Linnaeus)

成虫体长6～7mm，翅展12～16mm。前、后翅细长，缘毛很长，前、后翅缘呈黄白色三度曲折的波浪纹，两翅合拢时呈3个接连的菱形斑；前翅缘毛长并翘起如鸡尾，触角丝状，褐色有白纹，静止时向前伸。

本种在塞罕坝地区8月灯诱时数量较多，幼虫主要为害甘蓝、青花菜、薹菜、芥菜、花椰菜、白菜、油菜、萝卜等十字花科植物。

成虫（曹亮明摄）

鳞翅目 Lepidoptera ▸ 钩蛾科 Drepanidae

## 大斑波纹蛾 *Thyatira batis* (Linnaeus)

翅展30～35mm。头白色，颈板及胸部桃红色。前翅黑褐色，有5个带白边的桃红色大斑，翅基部的椭圆形斑最大，后缘中央圆斑最小，顶角处两斑相邻，臀角处的1枚斑纹于合翅时相连成2个圆圈。

本种在塞罕坝地区7月灯下可见，幼虫主要危害悬钩子。

成虫（曹亮明摄）

# 三线钩蛾 *Pseudalbara parvula* (Leech)

翅展可达25～28mm。翅灰色，前翅前缘端部1/2至顶角翅赭红色，顶角向外钩状突出，下方形成1个眼形斑纹；翅面有3条咖啡色斜纹，内侧纹最短且距中间纹的最远，两者之间还有2个小白色斑点；外侧2条自翅后缘到顶角逐渐靠近。后翅灰色。

本种在塞罕坝地区7月灯下可见，幼虫主要危害栎树。

成虫（曹亮明摄）



# 赤杨镰钩蛾 *Drepana curvatula* (Borkhausen)

翅展可达40mm。体黑褐色，头、胸颜色较深，腹部颜色较浅。前翅顶角镰刀状弯曲，翅面上共有5条黑色波浪条纹，外侧第2条最粗，由内至外2～3条黑纹之间有1小2大的3个斑点。

本种在塞罕坝地区7月灯下可见成虫，幼虫主要危害桦树。

成虫（曹亮明摄）

鳞翅目 Lepidoptera ▸ 钩蛾科 Drepanidae

# 古钩蛾 *Sabra harpagula* (Esper)

翅展可达34mm。体黄褐色至黄色。触角双栉状，金黄色。前翅顶角钩状，外缘沿翅边有1条黑色波浪纹，翅中部中带深褐色，具黑色边纹。

本种在塞罕坝地区7月灯下可见成虫，幼虫主要危害栎、桦树。

成虫（曹亮明摄）

鳞翅目 Lepidoptera ▸ 箩纹蛾科 Brahmaeidae

# 枯球箩纹蛾 *Brahmaea wallichii* (Gray)

成虫体长45～50mm，翅展150～162mm。体黄褐色。触角双栉齿状。前翅中带上部外缘齿状突出，其上有1列3～6个黑斑。前翅端部为枯黄斑，其中3根翅脉上有许多白色“人”字纹，外缘有7个青灰色半球形斑，其上方有2个黑斑。

本种在塞罕坝地区8月灯下可见成虫，幼虫主要危害白蜡树。

成虫（曹亮明摄）

# 黄褐箩纹蛾 *Brahmaea certhia* Fabricius

翅展 110.1～110.6mm。体棕褐色。头及胸部棕色褐边，腹部背面棕色。前翅中带由 10 个长卵形横纹组成，中带内侧为 7 条波浪纹，褐色间棕色，翅基菱形，棕底褐边，中带外侧为 6 条箩筐编织纹，浅褐间棕色，翅顶淡褐色有 4 条灰白间断的线点，外缘浅褐，有 1 列半球形灰褐斑。后翅中线白色，中线内侧棕色，外侧有 8 条箩筐纹，外缘褐间黑色。

本种在塞罕坝地区 8 月灯下可见成虫，幼虫主要危害白蜡树。

蛹及不同龄期幼虫（曹亮明摄）

成虫（曹亮明摄）

鳞翅目 Lepidoptera ▸ 凤蛾科 Epicopeiidae

## 榆凤蛾 *Epicopeia mencia* Moore

成虫体黑色。前翅几无斑纹，后翅外缘处具2行红色点状斑。幼虫体黑色，被满白色蜡粉，老熟幼虫身体可达65mm。

本种在塞罕坝地区1年1代，幼虫主要危害榆树，其聚集处常把榆树叶片吃光，但发生量小，较为少见。

幼虫（曹亮明摄）

鳞翅目 Lepidoptera ▸ 斑蛾科 Zygaenidae

## 葡萄叶斑蛾 *Illiberis tenuis* (Butler)

翅展27～28mm。体黑色。雄性触角双栉齿状，雌性触角单栉齿状。翅黑色半透明，翅脉与翅边缘黑色，前翅底色稍有蓝色闪光，后翅前缘暗黑。

本种在塞罕坝地区1年1代，幼虫主要危害葡萄。

成虫（曹亮明摄）

鳞翅目 Lepidoptera ▸ 斑蛾科 Zygaenidae

# 榆斑蛾 *Illiberis ulmivora* (Graeser)

成虫体长 10～11mm，翅展 27～28mm。体黑褐色，腹部各节背面后缘黄褐色。翅黑色半透明，后翅 $Sc+R_1$ 与 $R_5$ 平行，在中室中部以横脉相连。雄蛾翅缰 1 根，粗而长；雌蛾翅缰常为 4 根，细而短。

本种在塞罕坝地区 1 年 1 代，幼虫主要危害榆树。

成虫（国志锋摄）

鳞翅目 Lepidoptera ▸ 蚕蛾科 Bombycidae

# 黄波花蚕蛾 *Oberthüeria caeca* (Oberthür)

翅展可达约 40mm。体黄褐色，触角端半部线状，基半部双栉状。前翅顶角钩状，中室有 1 个黑褐色点状斑，外缘波浪状，翅面上内线和中线波浪形，外线稍直。

本种在塞罕坝地区 7 月灯下可见，幼虫可取食栎、桑等植物。

成虫（曹亮明摄）

鳞翅目 Lepidoptera ▸ 大蚕蛾科 Saturniidae

# 樗蚕 *Samia cynthia* (Drury)

翅展可达130mm。体褐色，前翅顶角呈钩状突出，略带紫色，突出下方具有黑色眼状斑。老熟幼虫身体青绿色，头、前胸、中胸、腹部具对称的白色棘突，腹足蓝绿色与黄色相间。体两侧具多排黑色斑点。

本种在塞罕坝地区1年1代，主要危害臭椿、核桃、柳等植物。几头幼虫可把一枝的臭椿叶片吃光。成虫具有趋光性。

成虫（曹亮明摄）

鳞翅目 Lepidoptera ▸ 大蚕蛾科 Saturniidae

# 柞蚕 *Antherea pernyi* (Guérin-Méneville)

成虫体黄褐色。前后翅各有1个眼形圆斑，眼斑镶嵌白色、黑色及红色圆环，中心圆斑透明。眼斑下方具黑白相间的外线，外线纵贯翅前缘及后缘。肩板、前胸及中胸前缘黑褐色，与前翅前缘的黑褐色线相接。触角双栉状，各节有黑色环纹。足土黄色，跗节具黑色环纹。

本种在塞罕坝地区多见人工饲养食用，是一种重要的经济昆虫。幼虫可危害栎树、枫杨等植物。

成虫（曹亮明摄）

幼虫（曹亮明摄）

**鳞翅目** Lepidoptera ▸ **凤蝶科** Papilionidae

# 金凤蝶 *Papilio machaon* Linnaeus

成虫躯干黄色，背侧中央有1条纵贯全身的黑线，腹部左右两侧有2条黑线。翅面黄色，前翅外缘具黑色宽带，宽带内有8枚黄色椭圆形斑，前翅中室端部有2个黑斑，前翅基部主体黑色其间点缀少许黄色鳞粉。后翅外缘黑色宽带有6枚黄色新月形斑，臀角处有1枚黄色斑，内侧对应7枚弧形蓝色斑。

本种在塞罕坝地区1年2代，分春、夏两型，春型5—6月羽化，因越冬蛹羽化故体型较小；夏型7—8月羽化，体型较大。幼虫在塞罕坝地区取食茴香、野胡萝卜的叶片。成虫喜访刺儿菜、飞廉等菊科杂草的花。

成虫（诸立新摄）

**鳞翅目** Lepidoptera ▸ **凤蝶科** Papilionidae

# 柑橘凤蝶 *Papilio xuthus* Linnaeus

成虫草黄色，背侧中央有1纵贯全身的黑色粗线，腹部两侧有2条细黑线。翅面草黄色，各翅脉附近覆盖有黑色鳞片；前翅外缘有黑色宽带，前翅褐色宽带中有8枚草黄色新月形斑，中室基部至中部有4～5条黑色条纹，端部有2枚黑斑。后翅黑带中有6枚草黄色新月形斑，臀角处有1枚黄色圆斑，黄斑内有1个黑点，黑带及臀角外侧对应有7枚蓝色斑。

本种在塞罕坝地区1年2代，分春、夏两型，春型5—6月羽化为越冬蛹所羽化故体型较小但颜色更加鲜艳，雌蝶比雄蝶颜色深；夏型7—8月羽化，雄蝶后翅前缘有1个明显黑斑且体型较大。

成虫（陈文昱摄）

鳞翅目 Lepidoptera ▸ 绢蝶科 Parnassiidae

# 冰清绢蝶 *Parnassius glacialis* Butler

成虫躯干黑色，背部前端及腹部末端有黄色毛。翅面仅覆盖少许白色鳞片几近透明，翅脉灰黑色。前翅外缘及亚外缘有淡青色灰色条带，中室端部及中部各有1枚淡灰色斑。后翅后缘有1条竖直的宽黑带。反面与正面相同。

成虫（诸立新摄）

本种在塞罕坝地区1年1代，雄蝶与雌蝶交配后会在雌虫生殖器附近分泌透明的臀袋，以阻止雌蝶与其他雄蝶交配。幼虫取食翅瓣延胡索和小药八旦子等植物。成虫羽化后由于寄主叶片已经枯萎，故雌蝶将卵产在可能长有寄主的土壤附近，卵于第2年早春孵化。幼虫5龄，化蛹前先织1薄茧。成虫6—7月羽化，数量较少。

鳞翅目 Lepidoptera ▸ 绢蝶科 Parnassiidae

# 小红珠绢蝶 *Parnassius nomion* Fischer et Waldheim

成虫躯干黑色。翅面白色，翅脉黄褐色。前翅前缘有2枚外围有黑环的红斑，外缘半透明，亚外缘在翅脉之间有淡灰色新月形斑，中室端部和中部有2枚黑色斑，后缘上方也有1枚围有黑环的红斑。后翅前缘基部及翅中部各有1枚围有黑环的红斑，红斑内嵌有白斑或白点，外缘半透明，翅脉端部颜色加深，亚外缘翅脉间有1列灰黑色新月斑，翅基及内缘为不规则的黑色条带。

成虫（国志锋摄）

本种在塞罕坝地区1年1代。成虫将卵产在寄主旁的小石块上，卵于第2年5月左右孵化。幼虫共5龄，取食小丛红景天等景天科植物，化蛹前会吐丝织成薄茧，蛹期约为1个月。

**鳞翅目** Lepidoptera ▸ **粉蝶科** Pieridae

## 绢粉蝶 *Aporia crataegi* Linnaeus

成虫躯干黑色，翅面白色，翅脉灰黑色。翅面无斑纹，仅前翅各翅脉外缘附近有淡灰色三角形斑。

本种在塞罕坝地区1年1代，7—8月大量发生，危害山楂、苹果等经济作物，也会危害山杨和桦等植物。幼虫在冬天会聚集在一起吐丝织巢越冬。

成虫（国志锋摄）

**鳞翅目** Lepidoptera ▸ **粉蝶科** Pieridae

## 酪色绢粉蝶 *Aporia potanini* Alphéraky

成虫躯干黑色，翅面乳白色或淡黄色，翅脉及邻近区域黑灰色。前翅顶端及翅外缘有淡灰色斑。

本种在塞罕坝地区1年1代，主要取食小檗科的黄芦木、华小檗、紫小檗等植物。与绢粉蝶类似幼虫群聚越冬，每年初春出巢取食，4龄以后分散取食，7—8月大量发生。

成虫（曹亮明摄）

鳞翅目 Lepidoptera ▸ 粉蝶科 Pieridae

# 云粉蝶 *Pontia daplidice* Linnaeus

成虫躯干背侧黑色，腹侧白色。雌雄异型，雄虫翅面白色，前翅顶角及中室端部有黑色斑纹，翅基部有少许灰黑色鳞粉，其余部分与正面相同只是颜色均为灰绿色斑。后翅正面斑纹不明显，反面杂有大面积圆形或三角形灰绿色斑。雌蝶翅正面基部颜色、斑纹较雄蝶深，其他与雄蝶相同。

本种在塞罕坝地区1年多代，主要取食十字花科杂草，以蛹越冬。

成虫（陈文昱摄）

鳞翅目 Lepidoptera ▸ 粉蝶科 Pieridae

# 东方菜粉蝶 *Pieris canidia* Sparrman

成虫躯干背侧灰黑色，腹侧白色。翅面白色，前翅基部及中室有灰黑色鳞粉，翅顶角有1枚较大的黑色斑，$m_2$室中部、$Cu_2$室中部有2枚斑。后翅前缘中部有1枚斑。反面与正面斑纹相同但颜色稍淡。

本种在塞罕坝地区1年多代，主要取食十字花科杂草，以蛹越冬。

成虫（陈文昱摄）

**鳞翅目** Lepidoptera ▸ **粉蝶科** Pieridae

# 圆翅小粉蝶 *Leptidea gigantea* Leech

成虫躯干背侧黑色，腹侧白色。翅面白色，翅脉有少许淡灰色鳞粉。前翅中室近前缘有1枚黑点，前翅 $m_1$ 室、$m_2$ 室中部有1枚黑斑。前翅反面只可见黑点不见黑斑，后翅翅脉颜色稍深且翅脉间有灰黑色鳞粉。

本种在塞罕坝地区1年1代，主要取食豆科杂草，每年7—8月羽化，以蛹越冬。

成虫（曹亮明摄）

**鳞翅目** Lepidoptera ▸ **粉蝶科** Pieridae

# 北黄粉蝶 *Eurema hecabe* Linnaeus

成虫躯干、翅面深黄色至淡黄色不等。前翅缘毛黄色或棕黄色，外缘有1条宽的黑色带，后翅外缘也有1条黑色带但颜色较淡，宽度较窄。翅反面密布褐色小点，前翅中室端部、中部有2枚褐色斑。

本种在塞罕坝地区1年多代，以蛹越冬，主要取食豆科、大戟科、云实科等植物。

成虫（诸立新摄）

鳞翅目 Lepidoptera ▸ 粉蝶科 Pieridae

# 东亚豆粉蝶 *Colias poliographus* Motschulsky

成虫雄蝶翅黄色。前翅外缘宽阔的黑色带中有黄色纹，中室端有1枚黑点。后翅外缘的黑纹多相连成列，中室端的圆点在正面为橙黄色，反面为银白色，外有褐色圈。雌蝶翅白色，斑纹同雄蝶。

本种在塞罕坝地区1年多代，以蛹越冬，每年最早5月可见。主要危害大豆、苜蓿等豆科植物，但对经济作物的危害比较小。

成虫（国志锋摄）

鳞翅目 Lepidoptera ▸ 蛱蝶科 Nymphalidae

# 柳紫闪蛱蝶 *Apatura ilia* Denis et Schiffermüller

成虫躯干背侧黄褐色，腹侧白色。翅面黑褐色，雄蝶在阳光下有紫色反光。前翅顶角有2枚白斑，中室内有4枚黑点。后翅自前缘中部至后缘中部有白色横带；反面与正面类似但在$Cu_1$室有1个环有褐色带的黑色眼斑，内有1枚蓝点。后翅正面中央有1条白色横带，$Cu_1$室有1个与前翅反面相似的眼斑。

本种在塞罕坝地区1年2～3代，幼虫5龄，深秋老熟幼虫体色变为深褐色向树木基部移动、越冬。主要取食杨柳科植物，种群数量不大危害有限。成虫喜在柳树伤流处吸食树汁，飞行迅速敏捷。

成虫（诸立新摄）

鳞翅目 Lepidoptera ▸ 蛱蝶科 Nymphalidae

# 绿豹蛱蝶 *Argynnis paphia* Linnaeus

成虫躯干背侧深红灰色，腹侧白色。雌雄异型，雄蝶翅面红灰色，雌蝶暗灰色至橙灰色，黑斑较雄蝶多。雄蝶前翅中室内有4条黑色短纹，近外缘有3列黑色圆斑。后翅基部灰色，有1条不规则的波状中横线及3列圆斑。反面前翅顶角灰绿色，有波状中横线及3列圆斑，黑斑比正面大。后翅灰绿色，有金属光泽，无黑斑，亚缘有白色线及眼状纹中部至基部有3条白色斜线。

本种在塞罕坝地区1年1代，以蛹越冬。主要取食堇菜科的早开堇菜、紫花地丁等植物，寄主多为野草故并无危害。

成虫（国志锋摄）

成虫（诸立新摄）

鳞翅目 Lepidoptera ▸ 蛱蝶科 Nymphalidae

# 斐豹蛱蝶 *Argynnis hyperbius* Linnaeus

成虫躯干背侧橙黄色，背侧淡黄色。雌雄异型，雄蝶翅面橙黄色，后翅外缘黑色具蓝白色弧状条纹，翅面有黑色圆点。雌蝶前翅中部至顶角紫黑色，其间有1条白色斜带，3列黑点。反面斑纹和颜色与正面有很大差异：前翅顶角暗绿色有小白斑，前翅基部橘红色。后翅斑纹暗绿色，正面斑纹黑色处反面斑纹类似但较正面细，亚外缘5枚黑斑在反面变为环有暗绿色的白点。

本种在塞罕坝地区1年2代，最早出现在5—6月，第2代出现在8—9月。主要取食堇菜科的早开堇菜、紫花地丁等植物，寄主多为野草故并无危害。

成虫（诸立新摄）

鳞翅目 Lepidoptera ▸ 蛱蝶科 Nymphalidae

## 小豹蛱蝶 *Brenthis daphne* Denis et Schiffermüller

成虫躯干橙黄色，但背侧较腹侧深。翅面橙黄色，前、后翅外缘、亚外缘具3列黑斑。前翅中室后有1列斜黑斑。后翅基部黑纹纵横交错呈不规则网状。反面前翅颜色较淡，顶角黄绿色。后翅基部黄绿色，有褐色线分布，外缘淡紫红色，其间有深褐色带和5个大小不等的褐色圆环。

本种在塞罕坝地区1年1代，以蛹越冬，主要取食堇菜科、悬钩子等植物。

成虫（国志锋摄）

鳞翅目 Lepidoptera ▸ 蛱蝶科 Nymphalidae

## 单环蛱蝶 *Neptis rivularis* Scopoli

成虫躯干背侧黑色，腹侧白色两侧有2条黑线。翅面黑色，前翅近外缘有1列8枚白斑在各翅室内，中室内1枚长白斑与3枚白斑形成直线。后翅各翅室中部具1列白斑。反面颜色稍淡，斑纹与正面相似只外缘、近外缘增加2列新月形白斑。

本种在塞罕坝地区1年1代，主要取食绣线菊属植物。

成虫（曹亮明摄）

鳞翅目 Lepidoptera ▸ 蛱蝶科 Nymphalidae

## 小环蛱蝶 *Neptis sappho* Pallas

成虫躯干背侧黑色、腹侧白色。翅面黑色，斑纹白色。前翅亚外缘各有1枚白斑，中室内有1条白线。后翅中带几乎等宽，外侧带被深色翅脉隔开。翅反面棕红色，白色斑纹外缘面积较正面稍大。

本种在塞罕坝地区1年多代，以蛹越冬，每年最早出现在5—6月，主要取食豆科的紫藤、胡枝子等植物。

成虫（诸立新摄）

鳞翅目 Lepidoptera ▸ 蛱蝶科 Nymphalidae

## 中华黄葩蛱蝶 *Patsuia sinensis* Oberthür

成虫躯干背侧黑褐色，腹侧白色。翅面黑褐色，斑纹黄色。前翅顶角内侧有4枚黄斑，外横斑前面3枚较小，后面4枚较大，中室中部与端部各具1枚。后翅外横带弧状，后翅基部有1枚圆形大斑。前翅反面斑纹与正面基本相同，但顶角黄色。后翅土黄色，翅中部、近外缘均有黑褐色弧状条带。

本种在塞罕坝地区1年1代，7—8月发生，数量稀少，主要取食杨柳科植物。

成虫（曹亮明摄）

鳞翅目 Lepidoptera ▸ 蛱蝶科 Nymphalidae

## 铂蛱蝶 *Proclossiana eunomia* Esper

成虫（国志锋摄）

成虫躯干背侧黑色，腹侧橘黄色。翅面黄褐色，基部黑褐色逐渐加深，亚外缘斑“V”字形并与外缘斑相连，呈五边形；“V”形斑内侧有1列大小不一的黑点，前翅中部有1条连续的波状线。翅反面，前、后翅外缘有1列白斑，亚缘有1列黑环白心的圆圈，翅面网状纹中有3列红褐色带，其间斑纹白色。

本种在塞罕坝地区1年1代，以蛹越冬，主要取食堇菜属早开堇菜、紫花地丁等植物。

鳞翅目 Lepidoptera ▸ 蛱蝶科 Nymphalidae

## 黄钩蛱蝶 *Polygonia c-aureum* Linnaeus

成虫躯干均为黑褐色，背侧颜色稍深。翅面橙黄色。前翅外缘灰褐色，近外缘有3枚纵列的黑色新月形斑，前翅中室内有3枚黑斑及1个黑色横斜，前翅中部各翅室有数枚黑斑，其间或有蓝色点缀。后翅外缘灰褐色，亚外缘有波状褐色条带，内侧有散布数枚黑斑，其中靠外侧的3枚上有蓝点。反面浅黄色，拟态枯叶。正面黑斑位置对应有深棕色条纹，后翅中室有1个钩状银白色小斑。

成虫（陈文昱摄）

本种在塞罕坝地区1年2代，以成虫形态越冬，分为夏型和秋型，秋型翅外缘突出尖锐更甚。寄主为葎草、亚麻等植物。

**鳞翅目** Lepidoptera ▸ **蛱蝶科** Nymphalidae

# 白钩蛱蝶 *Polygonia c-album* Linnaeus

与黄钩蛱蝶极为相似，但前翅中室近基部无黑点，且前、后翅黑斑均无蓝色点缀。后翅反面银白色较为纤细呈“L”状。

本种在塞罕坝地区1年2代，主要取食榆科的榆树、朴树等行道树及荨麻科荨麻等植物，有夏秋两型，并以成虫越冬。

成虫（诸立新摄）

**鳞翅目** Lepidoptera ▸ **蛱蝶科** Nymphalidae

# 荨麻蛱蝶 *Aglais urticae* Linnaeus

成虫躯干黑色，翅面橘红色。前、后翅外缘均为内有宝蓝色三角形的黑色条带。前翅前缘有3枚黑斑，后缘中部有1枚大黑斑，中部有2枚小黑斑；后翅基半部黑灰色。反面前翅黑赭色，3个黑色前缘斑与正面一致，顶角和端缘带黑色；后翅褐色，基半部黑色。外缘有模糊的蓝色新月纹。

本种在塞罕坝地区1年2代，低龄幼虫有群聚现象，以第2代成虫越冬，主要取食麻叶荨麻等荨麻科植物。

成虫（曹亮明摄）

**鳞翅目** Lepidoptera ▸ **蛱蝶科** Nymphalidae

# 孔雀蛱蝶 *Inachis io* Linnaeus

成虫躯干灰褐色，翅面朱红色，后翅颜色较前翅暗。前、后翅顶角均有孔雀尾斑，尾斑旁均有黑色带包围。前翅尾斑间散有青白色鳞片；后翅尾斑内有青紫色鳞片。翅反面黑褐色拟态枯叶，其间有细密波状黑色线。

本种在塞罕坝地区 1 年 2 代，以第 2 代成虫越冬，成虫喜访花，主要取食狭叶荨麻、葎草等植物。

成虫（曹亮明摄）

**鳞翅目** Lepidoptera ▸ **蛱蝶科** Nymphalidae

# 黑脉蛱蝶 *Hestina assimilis* Linnaeus

成虫躯干背侧黑色，腹侧白色有 2 条细线。翅正面淡灰色，翅脉均为黑色。前翅有多条横黑纹，后翅亚外缘近后角有 4～5 个红色斑，斑内有黑点。越冬代有几率出现淡色型，翅面白色，翅脉黑色较细，斑纹或仅余前翅顶角或外缘淡黑条纹。

本种在塞罕坝地区 1 年 2 代，幼虫在冬天随叶落至地面越冬，初春苏醒后重新爬上寄主植物取食，主要取食黑弹朴等朴属植物。

成虫（诸立新摄）

鳞翅目 Lepidoptera ▸ 蛱蝶科 Nymphalidae

## 小红蛱蝶 *Vanessa cardui* Linnaeus

成虫躯干背侧黄褐色，腹侧白色。翅面黄褐色，外缘波状。前翅 $m_1$ 脉外向外突出，顶角至翅中部大体黑色，顶角有 3 枚白色小点，亚顶角有 4 个白斑，翅中部有 3 枚黑斑斜向相连；后翅端半部橘红色，外缘红色，内有 1 排弧形黑色斑，亚外缘还有 1 列黑色斑。前翅反面与正面类似但颜色稍淡；后翅反面有灰绿色斑纹，外缘有 4 枚眼斑。

本种在塞罕坝地区 1 年 2 代，主要取食堇菜科、忍冬科等植物，喜访菊科杂草的花。

成虫（曹亮明摄）

鳞翅目 Lepidoptera ▸ 蛱蝶科 Nymphalidae

## 红线蛱蝶 *Limenitis populi* Linnaeus

成虫躯干灰褐色，翅正面灰褐色至黑色，前翅中室有 1 个白斑；前、后翅中部均有 1 列弧状白斑；前翅亚顶部有 3～4 个小斑；后翅亚外缘有 1 条红线，外缘有 2 条蓝线。翅反面赭黄色或赭红色，后翅亚外缘红色内有黑点，前、后翅外缘及后翅臀区蓝灰色。

本种在塞罕坝地区 1 年 1 代，以蛹越冬，每年 7—8 月出现，主要取食杨柳科植物。

成虫（曹亮明摄）

鳞翅目 Lepidoptera ▸ 灰蝶科 Lycaenidae

## 红灰蝶 *Lycaena phlaeas* Linnaeus

成虫翅正面橙红色。前翅周缘有黑色带，中室的中部和端部各具 1 个黑点，中室外自前到后有 3/2/23 组黑点；后翅亚缘自 $m_2$ 室至臀角有 1 条橙红色带，其外侧有黑点，其余部分均为黑色。前翅反面橙红色，外缘带灰褐色，带内侧有黑点，其他黑点同正面；后翅反面灰黄色，亚缘带橙红色，带外侧有小黑点，后中部黑点列呈不规则弧状排列，基半部散布几个黑点，尾突微小，端部黑色。

本种在塞罕坝地区 1 年多代，以蛹越冬，主要取食酸模等植物。

成虫（诸立新摄）

鳞翅目 Lepidoptera ▸ 灰蝶科 Lycaenidae

## 蓝灰蝶 *Everes argiades* Pallas

成虫躯干灰黑色，雄蝶翅面有青紫色反光。前后翅外缘褐色，雌蝶翅暗褐色，有的个体在前翅亚外缘与后翅外部也会有青紫色反光，尾突白色，中间有黑色。翅反面灰白色，前翅反面中室端纹淡褐色，亚外缘内侧有 1 列黑斑，外缘有 2 列淡褐色斑；后翅反面近基部有 2 个黑斑，各翅室近亚外缘各有 1 枚黑斑但排列不规律，外缘有 2 列淡褐色斑。

本种在塞罕坝地区 1 年多代，以蛹越冬，主要取食豆科米口袋属、野豌豆属等植物。

成虫（陈文昱摄）

鳞翅目 Lepidoptera ▸ 灰蝶科 Lycaenidae

## 豆灰蝶 *Plebejus argus* Linnaeus

成虫躯干背侧灰黑色腹侧灰白色。雄蝶翅正面青蓝色，前、后翅外缘均有黑色带；雌蝶翅棕褐色，前、后翅亚外缘褐色斑镶有橙色新月形斑，反面灰白色。前翅反面端部有 3 列黑斑，$Cu_1$ 室基黑斑近圆形，后翅亚缘内侧有黄橙色斑。

本种幼虫危害大豆、豇豆、绿豆、沙打旺、苜蓿、紫云荚、黄芪等植物。

成虫（国志锋摄）

鳞翅目 Lepidoptera ▸ 弄蝶科 Hesperiidae

## 花弄蝶 *Pyrgus maculatus* Bremer et Grey

成虫躯干背侧黑褐色，腹侧白色。翅黑褐色，缘毛黑白相间。前翅中室端部有 1 枚大白斑，顶角有 1 列白斑排列成弧状，中室下方有 5 个白斑；后翅中部由 4 个白斑组成带状，有的个体亚外缘还有 1 列白斑。前翅反面褐色，后翅反面基半部与外缘灰白色，斑纹与正面相同。

本种主要危害绣线菊、草莓、醋栗、黑莓等植物。

成虫（曹亮明摄）

鳞翅目 Lepidoptera ▸ 弄蝶科 Hesperiidae

# 小赭弄蝶 *Ochlodes venata* Bremer et Grey

分布在塞罕坝的是指名亚种 *O. venata* Bremer et Grey。成虫躯干与翅面均为赭黄色，前翅中部下侧有1条横跨各翅室的黑色线；后翅前缘、外缘与后缘均为灰黑色。雄蝶在中室下有黑色性标。

本种在塞罕坝地区1年1代，以幼虫越冬，每年6—8月发生，主要危害禾本科、莎草科植物。

成虫（国志锋摄）

鳞翅目 Lepidoptera ▸ 眼蝶科 Satyridae

# 爱珍眼蝶 *Coenonympha oedippus* Fabricius

成虫躯干背侧黑色，腹侧黄褐色，翅正面暗褐色。雄蝶翅无眼斑；雌蝶翅色稍淡，后翅正面隐约可见反面眼斑。翅反面黄褐色。前翅亚外缘有黑色眼状斑，雌蝶为3～4个，雄蝶为1～2个甚至无；后翅一般有排列成“L”状的5～6个眼状斑，眼状斑均围有黄色环，后翅的眼状斑中心有铅色瞳点，前翅则没有。

本种在塞罕坝地区1年1代，以幼虫越冬，每年6—8月发生，主要取食禾本科芦苇和茜草科薹草属等植物。

成虫（国志锋摄）

鳞翅目 Lepidoptera ▸ 眼蝶科 Satyridae

# 白眼蝶 *Melanargia halimede* Ménétriès

成虫躯干背侧黑色，腹侧白色，翅白色。前翅顶角有黑色斑纹，前翅中部有褐色条带，外缘带黑白相间；后翅亚外缘黑褐色呈锯齿状。前翅反面近顶角有2枚黑褐色圆斑，中室端有2个相连的近长方形的黑褐色斑；后翅反面亚外缘有6个棕褐色眼斑。

本种在塞罕坝地区1年1代，以幼虫在地面越冬，初春逐渐复苏取食，每年6—8月大量发生。

成虫（曹亮明摄）

鳞翅目 Lepidoptera ▸ 眼蝶科 Satyridae

# 蛇眼蝶 *Minois dryas* Scopoli

北方最常见的眼蝶之一，塞罕坝地区分布为两点亚种。成虫躯干、翅面黄褐色至黑褐色。前翅亚外缘有2个大的眼状斑，围有淡黄色环，有紫蓝色瞳点；后翅近臀角也有1个较小的眼状斑，翅外缘波浪状。翅反面，两翅亚外缘有1条深褐色条带，后翅有1条宽的灰白色中横带，前后翅眼状斑同翅面。

本种在塞罕坝地区1年1代，以初孵幼虫越冬，主要取食竹、早熟禾、结缕草等禾本科植物。

成虫（曹亮明摄）

鳞翅目 Lepidoptera ▸ 眼蝶科 Satyridae

# 居间云眼蝶 *Hyponephele interposita* Erschoff

雄蝶翅正面棕褐色，前翅近顶角有 1 个黑色眼斑；雌蝶前翅端部有黄色，内有 2 个黑斑。翅反面色调较浅，后翅灰褐色，黑色中横线中段圆形凸出。

本种在塞罕坝地区 1 年 1 代，主要取食禾本科和茜草科植物。

成虫（国志锋摄）

鳞翅目 Lepidoptera ▸ 眼蝶科 Satyridae

# 暗红眼蝶 *Erebia neriene* Böber

成虫躯干、翅正面均为棕褐色。前翅亚外缘具橘红色倒葫芦状宽横带，横带内通常具 3 枚眼斑，瞳点白色，无明显眼眶；前两枚相连，位于 $m_1$ 室和 $m_2$ 室中部，第 3 枚位于 $Cu_1$ 室中部。后翅亚外缘具红色横带，横带内具 3 枚眼斑，分别位于 $m_2$ 室至 $Cu_1$ 室内，瞳点白色，无明显眼眶。翅反面颜色及斑纹与正面相似。后翅反面亚外缘具宽泛白色横带，起始于前缘，延伸至臀角区；横带内具 3 枚白点。

本种在塞罕坝地区 1 年 1 代，每年 6—8 月发生，主要取食禾本科植物。

成虫（国志锋摄）

鳞翅目 Lepidoptera ▸ 眼蝶科 Satyridae

## 黄环链眼蝶 *Lopinga achine* Scopoli

翅黑褐色，前翅有5个、后翅有6个黑色圆斑，第3个较小，均围有黄色环。翅反面沿外缘有2条黄线，前翅中室内有1条黄纹，亚缘有1条曲折的淡色纹；后翅中部有1条灰白色弓形曲横带，背面眼状斑较正面显著。

本种在塞罕坝地区1年1代，每年6—8月发生，主要取食禾本科、茜草科等植物。

成虫（曹亮明摄）

膜翅目 Hymenopter ▸ 扁叶峰科 Pamphiliidae

## 落叶松阿扁叶峰 *Acantholyda laricis* (Giraud)

成虫体长9～11mm。体黑色，有光泽。触角柄节黑色，2～10节黄褐色，之后各节深褐色。单眼后方有1对纺锤形黄色大斑。中胸盾片的三角形纹黄色。翅前缘脉黄褐色，翅痣及痣后脉黑色。

本种在塞罕坝地区主要危害落叶松，幼虫主要取食落叶松叶片。

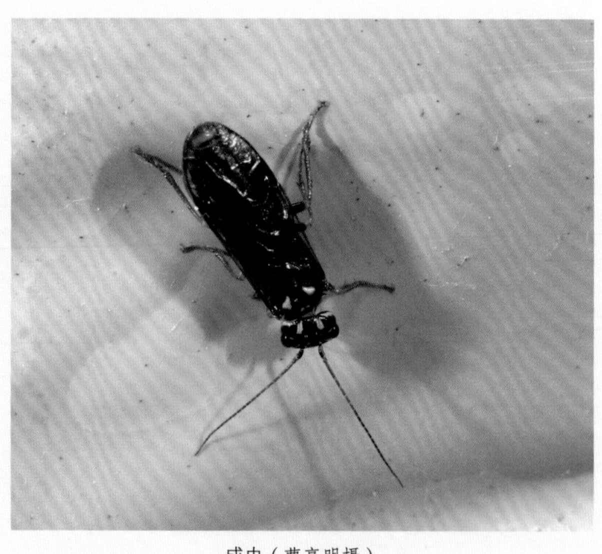

成虫（曹亮明摄）

# 云杉鳃扁叶蜂 *Cephalcia abietis* (Linnaeus)

成虫体长 12～15mm。体黑色，有黄色斑纹。触角黄褐色，雄虫唇基全黄色。触角侧区方形斑，眼上区 1 对小斑黄色。胸部黑色，中胸前盾片后半部、后胸小盾片黄色。足黄褐色。卵长椭圆形，鲜绿色，产在云杉叶片顶端。幼虫有 2 种颜色，浅绿色和金黄色。

本种在塞罕坝地区主要危害云杉，是本地重要的林业害虫之一，部分林地局部暴发成灾。

卵（国志锋摄）

滞育幼虫（国志锋摄）

幼虫（曹亮明摄）

幼虫危害照（国志锋摄）

成虫（国志锋摄）

危害状（曹亮明摄）

膜翅目 Hymenopter ▸ 瘿蜂科 Cynipidae

# 栎空腔瘿蜂 *Trichagalma acutissimae* (Monzen)

成虫体小型，黑色，雌虫约 1.8mm，雄虫约 1.9mm。触角棕色，雌虫 14 节，雄虫 15 节，长于头与胸之和。头部具有均匀一致白毛，下颜面光滑且有光泽。

本种在危害栓皮栎的雄花及叶片。有性世代在花序危害，使栓皮栎柔荑花序的苞叶发育异常，并在其苞叶上形成直径 1.2 ~ 2.0mm 的椭球形虫瘿；无性世代在叶片叶脉上形成直径 0.5 ~ 0.8cm 的球形虫瘿。

成虫（雌）（曹亮明摄）

虫瘿（曹亮明摄）

直翅目 Orthoptera ▸ 蚱科 Tetrigidae

# 日本蚱 *Tetrix japonica* (Bolívar)

雄虫体长 7 ~ 9mm，雌虫体长 10 ~ 12mm。体褐色至深褐色，部分个体前胸背板背面中部具 1 ~ 2 对黑斑，部分个体具 1 对条状黑斑。触角丝状，着生于复眼下缘内侧，其长约为前腿节长的 1.8 倍。复眼近球形。前胸背板前缘近平截，背面在横沟间略呈屋脊形，肩角之后较平。

塞罕坝地区草原常见害虫之一。

成虫（曹亮明摄）

成虫（曹亮明摄）

直翅目 Orthoptera ▸ 网翅蝗科 Arcypteridae

## 东方雏蝗 *Chorthippus intermedius* (Bey-Bienko)

雄虫体长 15～18mm，雌虫体长 18～19mm。体黄褐色。前胸背板侧隆线处具黑色纵条纹。后腿节橙黄褐色，内侧基部具黑色斜纹，膝部黑色。后足胫节黄色，基部黑色。头大而短，较短于前胸背板。头顶前缘几呈锐角形，侧缘较平直，不弯曲。头侧窝四角形。颜面略倾斜。

塞罕坝地区草原常见害虫之一。

成虫（国志锋摄）

直翅目 Orthoptera ▸ 网翅蝗科 Arcypteridae

## 华北雏蝗 *Chorthippus maritimus huabeiensis* Xia et Jin

雄虫体长 14～18mm，雌虫体长 20～25mm。体褐色至红褐色。头顶前缘明显呈钝角形。头侧窝明显低凹，狭长四角形，长为宽的 4 倍。前胸背板侧隆线处具黑色纵纹，前翅褐色带少量黑色点斑。前翅狭长，超过后腿节顶端。

塞罕坝地区草原常见害虫之一。

成虫（国志锋摄）

# 青藏雏蝗 *Chorthippus qingzangensis* Yin

雄虫体长 13 ~ 17mm，雌虫体长 20 ~ 25mm。体黄绿色至绿色。复眼黑褐色，触角棕色。头部背面、前胸背板、前翅有时呈棕褐色，前翅前缘脉域常具白色纵条纹。后腿节黄绿色。后足胫节黄褐色。触角细长，超过前胸背板后缘，到达后腿节基部。前翅较长，顶端超过后腿节的顶端。

塞罕坝地区草原常见害虫之一。

成虫（曹亮明摄）

成虫（曹亮明摄）

# 小翅雏蝗 *Chorthippus fallax* (Zubovski)

雄虫体长 9～15mm，雌虫体长 13～22mm。雄虫体黄绿色，触角灰色，前翅短，顶端宽阔，近腿节的顶端。雌虫褐色，触角红褐色，前翅长，顶端尖圆，伸达腹部第 2 节中部。成虫前胸背板中隆线较低，侧隆线在沟前区略向内弯曲，白色具黑边。

本种在塞罕坝地区主要取食禾本科、莎草科牧草及苜蓿、谷子、麦类等植物。

成虫（雄）（曹亮明摄）

成虫（雌）（曹亮明摄）

**直翅目** Orthoptera ▸ **剑角蝗科** Acrididae

## 宽翅曲背蝗 *Arcyptera microptera* (Fischer von Waldheim)

雄虫体长23～28mm，雌虫体长35～39mm。雌虫体褐色至黑褐色，头部背面有黑色“八”形纹。前胸背板侧隆线呈黄白色“×”形纹，侧片中部具淡色斑。前翅具有细碎黑色斑点。触角较短，刚到达前胸背板后缘。中胸腹板侧叶间中隔最狭处较宽于其长度。前翅较短通常超过后腿节的中部。前翅肘脉域较狭，肘脉域的最宽处几乎等于中脉域的最宽处。

塞罕坝地区草原常见害虫之一。

成虫（国志锋摄）

**直翅目** Orthoptera ▸ **剑角蝗科** Acrididae

## 乌苏里跃度蝗 *Podismopsis ussuriensis* Ikonnikov

雄虫体长16～20mm，雌虫体长25～30mm。雌虫体暗褐色，后腿节内、外侧具2个黑色斑。触角红褐色，腿节红褐色至褐色。雌虫短翅型，鳞片状，位于身体两侧，长为宽的1.5倍，略超过第2腹节背板的后缘。雄虫体黄绿色，长翅型，前翅发达，伸达体末端。

塞罕坝地区草原常见害虫之一。

成虫（国志锋摄）

# 落叶松球果花蝇 *Strobilomyia laricicola* (Karl)

成虫体长 4～5mm。体黑色，被粗刚毛，复眼暗红色，雄虫两复眼靠近，雌虫明显分开。卵白色，产于两粒种胚上方的鳞片上，一般单个球果上产 1～2 粒卵。幼虫淡黄色，有 3 个龄期。头部尖锐，有黑色口钩 1 对，取食细嫩的种胚，随球果的发育，钻入种子内取食种仁，排出褐色粉末状粪便。幼虫老熟后遇雨水滑落至地面在落叶层化蛹。

主要危害落叶松球果。

卵（李广武摄）

蛹（李广武摄）

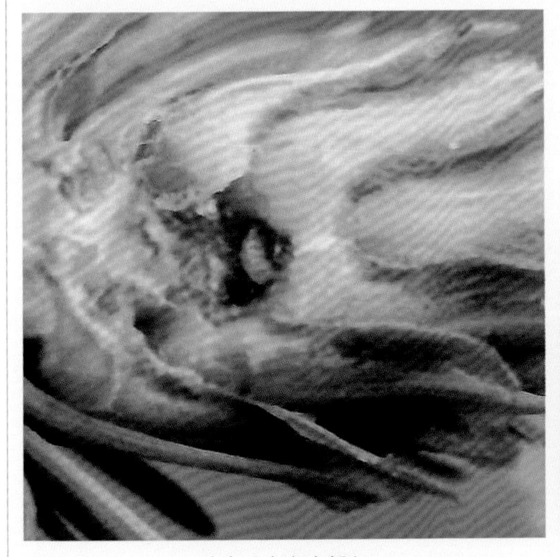
幼虫（李广武摄）

成虫（李广武摄）

# 落叶松芽瘿蚊 *Dasineura kellneri* (Henschel)

异名为 *D. laricis* (Löw)，成虫体长约 2mm。体纤弱细小，红色，触角多节，每节上都有绒毛，翅脉退化，仅有 3 条翅脉伸达翅缘。老熟幼虫红色，体长约 1mm。

主要危害落叶松花芽，雌虫产卵于芽鳞或嫩叶鞘上，幼虫孵化后侵入芽内取食形成虫瘿，幼虫在虫瘿内越冬，第二年春天羽化出瘿。此虫可造成落叶松花芽结实变少，种子产量下降。

幼虫（李广武摄）

成虫（李广武摄）

# 三 刺吸害虫

# Piercing-sucking insect pests

半翅目 Hemiptera ▸ 粉蚧科 Pseudococcidae

# 白蜡棉粉蚧 *Phenacoccus fraxinus* Tang

雌虫体长 4～6mm，宽 2～5mm。体紫褐色，椭圆形，腹面平，背面略隆起，分节明显，被白色蜡粉，前后背孔发达，刺孔群 18 对，腹脐 5 个。雄虫体长 2mm 左右，翅展 4～5mm。体黑褐色，前翅透明，1 条分叉的翅脉不达翅缘；后翅小棒状，腹末圆锥形，具 2 对白色蜡丝。

本种在塞罕坝地区主要危害白蜡树，6 月可见于白蜡行道树上叶片背面。

危害状（曹亮明摄）

白蜡棉粉蚧（曹亮明摄）

半翅目 Hemiptera ▸ 硕蚧科 Margarodidae

# 草履蚧 *Drosicha corpulenta* (Kuwana)

雌虫体长 10mm。体扁平椭圆形，背面有皱褶，形状似草鞋，赭色，体周及腹面淡黄色，触角、口器和足均黑色，体被白色蜡粉。触角 8 节。雄虫体长 5～6mm，翅展约 10mm。体紫红色，头胸淡黑色，1 对复眼黑色。前翅淡黑色，有许多伪横脉；后翅为平衡棒，末端有 4 个曲钩。触角 10 节，黑色丝状；第 3～9 节各有 2 处缢缩形成 3 处膨大，其上各有一圈刚毛。腹部末端有 4 个树根状突起。

本种在塞罕坝地区多见雌虫栖息于栎、柳、杨的树干上，雄虫 7 月可见于栎、柳等植物的叶片背面。

成虫（雌）（曹亮明摄）

成虫（雄）（曹亮明摄）

半翅目 Hemiptera ▸ 球蚜科 Adelgidae

## 落叶松球蚜 *Adelges laricis* Vallot

塞罕坝地区7月可明显见到栖于针叶中部的无翅孤雌蚜，即侨居蚜，呈白色棉絮状，实为虫体附白色蜡丝，长1.0～1.5mm，如绿豆大小，体背面蜡片行列整齐，头部蜡片近圆形，腹部椭圆形；触角3节。

此蚜虫还有干母、伪干母、性母3种型，侨居蚜产卵孵化后为伪干母，伪干母所产卵分别孵为性母、侨蚜，性母产卵孵化后即干母。

本种在塞罕坝地区落叶松上最常见的落叶松刺吸害虫，大量发生容易造成落叶松林长势衰弱。

落叶松球蚜 无翅孤雌蚜（曹亮明摄）

半翅目 Hemiptera ▸ 球蚜科 Adelgidae

## 落叶松梢球蚜 *Adelges viridanus* (Cholodkovsky)

塞罕坝地区7月可明显见到落叶松梢的虫瘿，虫瘿从松梢基部膨大发出，具红色弯曲粗条纹，虫瘿上叶片稀疏。切开虫瘿，可见红褐色寄生若虫。8—9月虫瘿裂开后，老熟若虫爬出虫瘿，在松针上蜕皮羽化为有翅侨蚜。有翅侨蚜不同于落叶松梢球蚜，触角为5节。

落叶松梢球蚜（曹亮明摄）

虫瘿（曹亮明摄）

半翅目 Hemiptera ▸ 蚜科 Aphididae

## 栎大蚜 *Lachnus roboris* Linnaeus

无翅孤雌蚜，体黑色，卵圆形，腹部亚光黑色，腹部背片第8节具横带，各节间点状凹陷明显。气门片隆起褐色，气门圆形，半圆形开放，凹口向上。

本种在塞罕坝地区6月可见于栎树树干上。无翅孤雌蚜有聚集行为，不同大小虫体聚集在一起，可见蚂蚁在周围爬来爬去，取食栎大蚜腹部末端排出的蜜露。

成虫（曹亮明摄）

半翅目 Hemiptera ▸ 蚜科 Aphididae

## 板栗大蚜 *Lachnus tropicalis* (Van der Goot)

无翅孤雌蚜，体长3～4mm。体灰黑色至黑褐色，腹部圆形，触角短，约为体长的1/2，第3～4节端部各有圆形小孔2～5个。有翅孤雌蚜，翅黑色，仅前翅顶角及翅中部有透明带。

本种在塞罕坝地区主要危害板栗、栎等植物。成虫和若虫集中在幼嫩部位刺吸汁液为害，影响新梢的生长、果实的成熟，甚至枝条枯萎不能结实。

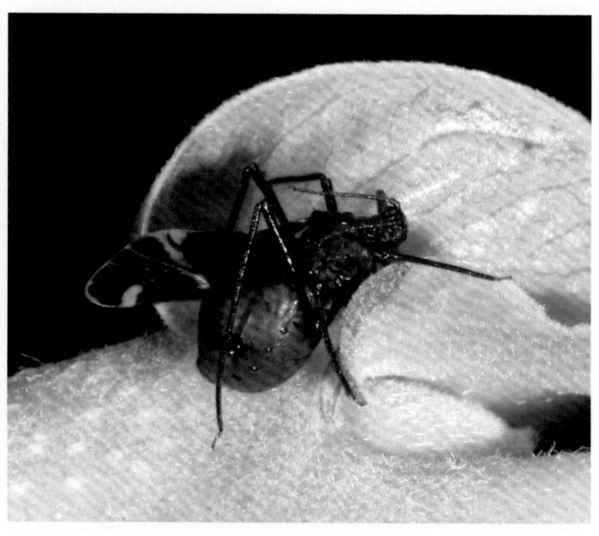

成虫（曹亮明摄）

**半翅目** Hemiptera ▸ **蚜科** Aphididae

# 榆瘿蚜 *Tetraneura nigriabdominalis* (Sasaki)

多见榆树叶片上的虫瘿结构，虫瘿初期呈绿色，之后会变成红色，多见红绿色相间，极不规则。剥开后虫瘿内部有蚜虫若干，体长1.5～3.0mm，体卵圆形，黄色、绿色或者黑色。喙短粗，腹管退化消失，尾片半圆形，具5～7根毛。

本种在塞罕坝地区主要危害榆树，形成大大小小、形状不一的虫瘿，严重影响榆树的观赏价值和光合效率。

虫瘿（曹亮明摄）

**半翅目** Hemiptera ▸ **蚜科** Aphididae

# 酸模蚜 *Aphis rumicis* Linnaeus

无翅孤雌蚜，体长1.5～3.0mm。体卵圆形，浅褐色至深黑色，前、中胸有全节横带，后胸与腹部1～5节横带断开不连续。触角、喙第2节端部、腿节灰色至黑色；足胫节黄色。腹管、尾片、尾板及生殖板黑色。

本种在塞罕坝地区5—7月可见大小不一的虫体聚集于酸模等植物叶片或茎上。

酸模蚜（曹亮明摄）

半翅目 Hemiptera ▸ 蚜科 Aphididae

# 库毛管蚜 *Greenidea kuwanai* (Pergande)

无翅孤雌蚜，体长 2～3mm。体卵圆形，黑褐色，有光泽。触角浅褐色。腹管颜色深，黑色或黑褐色，略呈香蕉形，具很多长刚毛。节间斑不甚明显，淡褐色。喙较长，可伸达腹部第 3 节。

本种在塞罕坝地区 6—7 月可见危害栎树嫩梢，有聚集行为。在塞罕坝地区主要危害蒙古栎、槲栎等植物。

库毛管蚜（曹亮明摄）

半翅目 Hemiptera ▸ 叶蝉科 Cicadellidae

# 大青叶蝉 *Cicadella viridis* (Linnaeus)

成虫体长 9～11mm。体黄绿色至青绿色，两单眼之间有 2 个黑色梯形斑纹，前胸背板黄绿色，亚端部具黄色横纹带，小盾片淡黄色，中间横刻痕较短，不伸达边缘。前翅青绿色带有青蓝色光泽，外缘黑色。足黄色带有青蓝色光泽。触角短，丝线状。

本种在塞罕坝地区 1 年 2 代，主要危害杨、柳、白蜡、刺槐、玉米、大豆、马铃薯等植物。成虫和若虫刺吸为害叶片，造成叶片褪色、畸形、卷缩、枯死。

成虫（曹亮明摄）

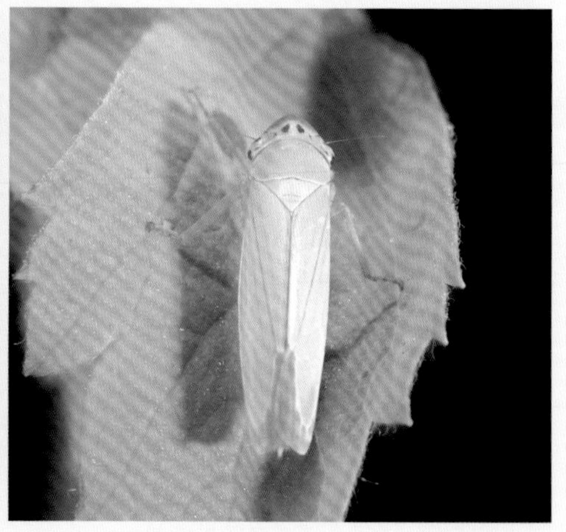

成虫（曹亮明摄）

半翅目 Hemiptera ▸ 叶蝉科 Cicadellidae

## 石原脊翅叶蝉 *Parabolopona ishihari* Webb

成虫体长5.5～6.0mm。体黄色至绿色。前翅后缘具3个等距离的黑点，翅端部具黑色条纹。头圆形向前突串，触角细丝状，足黄白色，具小黑点。

本种在塞罕坝地区7月灯诱可见到此虫，寄主植物为板栗，可传播板栗小叶病害。

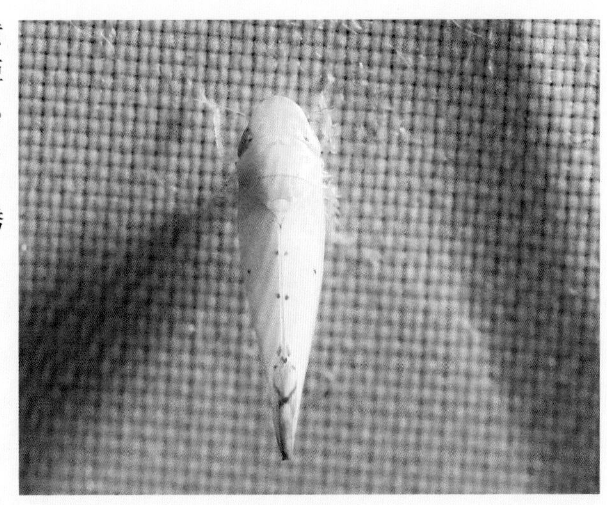

成虫（曹亮明摄）

半翅目 Hemiptera ▸ 沫蝉科 Cercopidae

## 松沫蝉 *Aphrophora flavipes* Uhler

成虫体长9～11mm。体淡黄色至浅灰色。头部中央黑褐色，前胸背板黄褐色，具黑褐色斑纹。小盾片近三角形。翅基半部黄褐色，中部具黑色不规则点斑，翅端半部灰色，翅脉褐色清晰可见。后足腿节外侧有2个明显的棘刺。

本种在塞罕坝地区1年1代，以卵越冬，7月成虫大量可见。主要危害落叶松、樟子松、油松等植物，但在本地危害程度不高。

成虫（曹亮明摄）

半翅目 Hemiptera ▸ 蝉科 Cicadidae

## 鸣鸣蝉 *Oncotympana maculicollis* (Motschulsky)

成虫体长 30～41mm。体粗壮，黑色具绿色斑纹。复眼大，黑色，有光泽。单眼 3 个红色，排列于头顶呈三角形。前胸背板近梯形，后侧角扩张成叶状，宽于头部和中胸基部，背板上有 5 个长形瘤状隆起，横列。中胸背板前半部中央，具“W”形凹纹。翅透明，基半部翅脉黄褐色，端半部翅脉黑色。

本种成虫刺吸食树木嫩枝嫩梢，并产卵于一年生嫩枝内，造成枝条枯死。

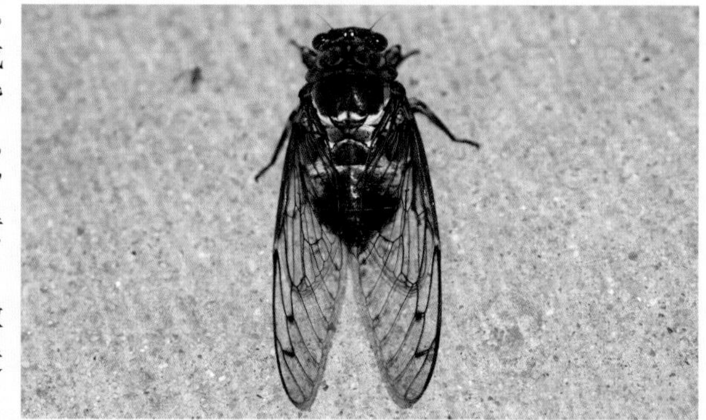
成虫（曹亮明摄）

半翅目 Hemiptera ▸ 蝽科 Pentatomidae

## 赤条蝽 *Graphosoma lineatum* (Linnaeus)

成虫体长 7～13mm。体橙红色，具黑色条纹，其中头部 2 条，前胸背板 6 条，小盾片 4 条，侧接缘黑红相接。头侧叶长于中叶，头前缘呈凹形。前胸背板前部显著向下弯曲，后缘笔直，后角及侧角圆钝。

本种在塞罕坝地区 1 年 1 代，成虫 7 月初至 8 月活动活跃，多见于草地及林下草本寄主的花蕾、枝干上，吸食植物汁液。

成虫（曹亮明摄）

成虫（曹亮明摄）

# 茶翅蝽 *Halyomorpha halys* (Stål)

成虫体长 12～16mm，宽 7～9mm。体茶褐色或黄褐色，具黑色刻点，扁平略呈椭圆形，有些个体具金属刻点及光泽，体色差异大。触角黄褐色。前胸背板前缘具有 4 个黄褐色小斑点，小盾片基部常具 5 个淡黄色斑点。前翅褐色，基部色较深，端部翅脉色较深。侧接缘黄黑相间，腹部腹面淡黄白色。

本种在塞罕坝地区 1 年 1～2 代，主要危害构树、桑、山丁子、梨、桃、杏、海棠、榆等植物。

若虫（曹亮明摄）

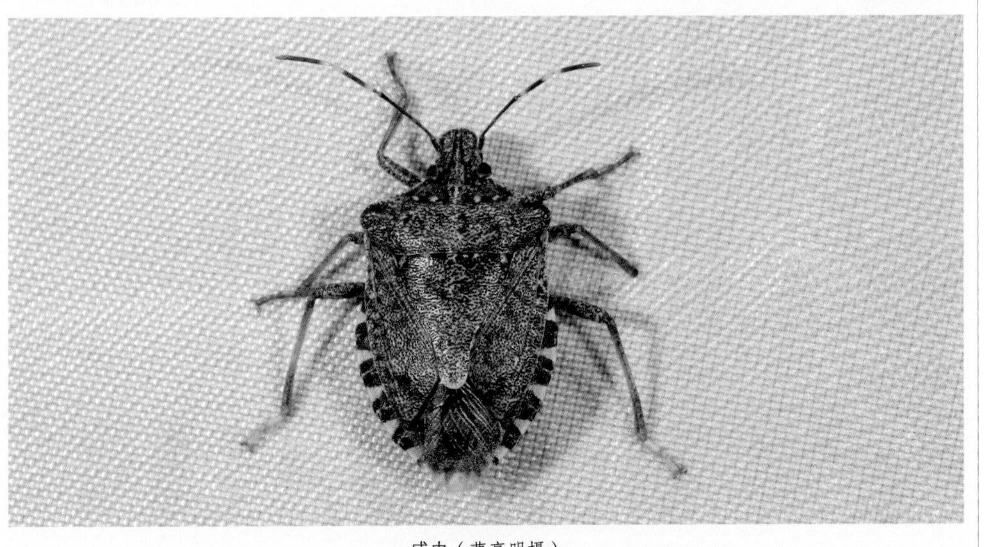

成虫（曹亮明摄）

# 珀蝽 *Plautia crossota* (Dallas)

成虫体长 8～14mm。体长卵圆形，具光泽，具黑色或与体同色的细刻点。头鲜绿，触角 3～5 节，绿黄色，末端黑色；复眼棕黑，单眼棕红。前胸背板鲜绿色。两侧角圆而稍凸起，红褐色，后侧缘红褐。小盾片鲜绿，末端色淡。前翅革片暗红色，具黑粗刻点。

本种在塞罕坝地区主要危害桑、梨、桃、柿、李等植物。

成虫（曹亮明摄）

成虫（曹亮明摄）

半翅目 Hemiptera ▸ 蝽科 Pentatomidae

# 麻皮蝽 *Erthesina fullo* (Thunberg)

成虫体长20～25mm，宽10.0～11.5mm。体背黑色散布有不规则的黄色斑纹，密布黑色刻点。触角黑色5节，第1节短而粗，第5节基部1/3为浅黄色。喙浅黄色，4节，末节黑色，达第3腹节后缘。头部突出，近背面有4条黄白色纵纹从中线顶端向后延伸至小盾片基部。

本种在塞罕坝地区主要危害杨、槐、榆、栎、桃等植物，较为常见。

成虫（曹亮明摄）

半翅目 Hemiptera ▸ 荔蝽科 Tessaratomidae

# 硕蝽 *Eurostus validus* Dallas

成虫体长23～34mm，宽11～17mm。体长椭圆形，红褐色，密布细刻点。头小，三角形，侧叶长于中叶。触角前黑色末节枯黄色。喙黄褐色，外侧及末端棕黑色，长达中胸中部。前盾片前缘带蓝绿光。小盾片近三角形，两侧缘蓝绿，末端翘起呈小匙状。足深栗色，跗节稍黄色，腿节近末端处有2枚锐刺。第1腹节背面有1对发音器，长梨形。

本种在塞罕坝地区1年1代，主要危害栎树嫩枝嫩叶。

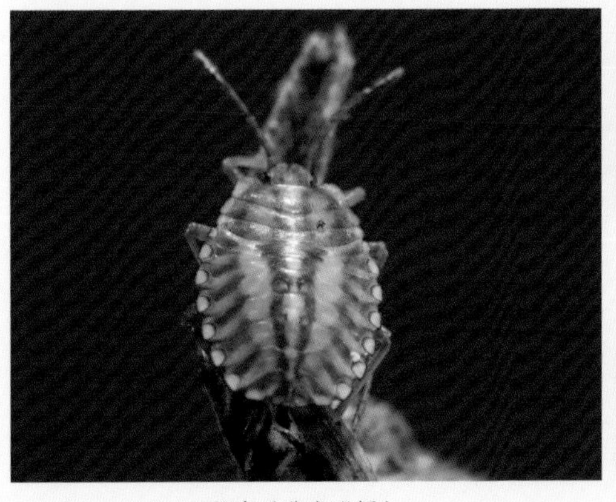

若虫（曹亮明摄）

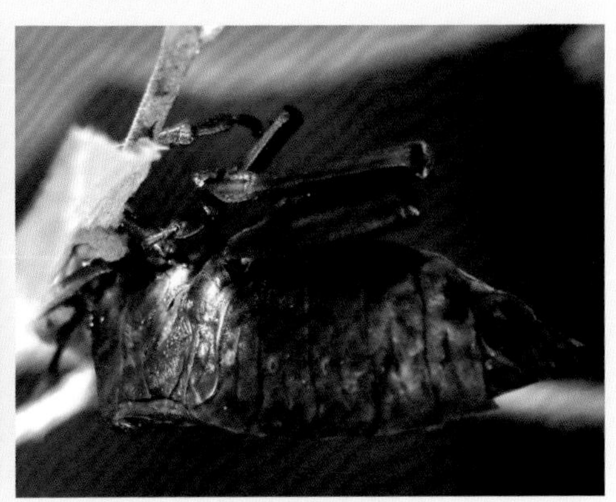

成虫（曹亮明摄）

半翅目 Hemiptera ▸ 蝽科 Pentatomidae

## 弯角蝽 *Lelia decempunctata* (Motschulsky)

成虫体长 16～22mm。体椭圆形，黄褐色，密布小黑刻点。前胸背板侧角大而尖，外突稍向上，侧角后缘有小突起 1 个，中区有等距排成 1 横列的黑点 4 个；前侧缘稍内凹，有小锯齿。小盾片基中部及中区各有黑点 2 个，基角上各有下陷黑点 1 个，共有 10 个点。

本种在塞罕坝地区 1 年 1 代，主要危害糖槭、核桃楸、榆、杨等植物。

成虫（曹亮明摄）

半翅目 Hemiptera ▸ 蝽科 Pentatomidae

## 紫翅果蝽 *Carpocoris purpureipennis* (De Geer)

成虫中等大小。体宽椭圆形，黄褐色。头侧缘、头中部斑、前胸背板前叶纵纹及侧角、小盾片基部斑、侧接缘斑、触角第 1 节斑、触角第 2～5 节、体刻点斑、喙末端、基节臼斑、中后腿节斑均为黑色。头较小具皱褶，长宽近等，微斜向下伸出，眼前部分渐狭，侧叶微超过中叶。

本种在塞罕坝地区 1 年 1 代，主要危害土豆、沙枣等植物。

成虫（曹亮明摄）

半翅目 Hemiptera ▸ 蝽科 Pentatomidae

## 红足真蝽 *Pentatoma rufipes* (Linnaeus)

成虫体深紫黑色，略具金属光泽，密布黑刻点，椭圆形。头长、宽约相等，头部侧缘弧圆，略上卷，侧叶宽约为中叶的2倍，在中叶前方几相交；眼前部分显著长于眼后，触角第1节最短略粗，其余各节粗细较均匀，第3节最长，喙长，伸达第2或第3个可见腹节。小盾片末端黄褐色，小盾片较大，超过腹部1/2，基部约1/2较隆鼓，与前胸背板几平齐，端部狭与翅面平，顶端具同色稀疏刻点。

本种在塞罕坝地区1年1代，主要危害杨、柳、榆、楸、桦、栎等植物。以成虫越冬，6月开始在叶正面产卵，它的卵即有名的“笑脸”状卵。

成虫（国志锋摄）

半翅目 Hemiptera ▸ 蝽科 Pentatomidae

## 金绿真蝽 *Pentatoma metallifera* (Motschulsky)

成虫体长14～23mm。体金绿色。触角黑或浅黑色，前胸背板四缘、小盾片两侧缘、足、侧接缘端部及基部黑色；膜片乌黑色。头部中叶与侧叶末端平齐。前胸背板前侧缘有甚明显的锯齿，前角尖锐，向前外方斜伸。腹基突起短钝，伸达后足基节。

本种在塞罕坝地区1年1代，主要危害桦、栎等植物。7月可见大部分成虫栖息于白桦树干上。

成虫（曹亮明摄）

半翅目 Hemiptera ▸ 蝽科 Pentatomidae

## 褐真蝽 *Pentatoma semiannulata* (Motschulsky)

体长 16～20mm，长椭圆形。体红褐色，具黑色刻点。足黄褐色，侧接缘基部和端部黑色。前胸背板前缘和侧缘具白色宽边。头三角形，侧缘具向上微翘的窄边，侧叶与中叶等长。前胸背板前侧缘有宽白边，前端粗锯齿状。小盾片三角形，端角延伸变狭长。

本种在塞罕坝地区 1 年 1 代，主要危害桦、栎等植物。成虫具趋光性。

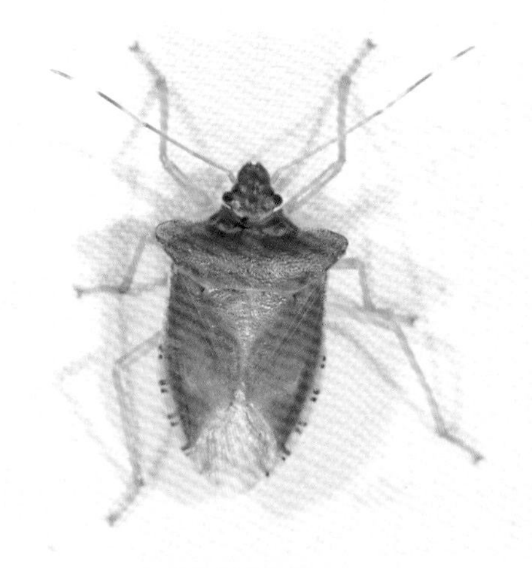

成虫（曹亮明摄）

半翅目 Hemiptera ▸ 缘蝽科 Coreidae

## 广腹同缘蝽 *Homoeocerus dilatatus* Horváth

体长 12～15mm。体浅棕褐色，触角 1～3 节三棱形，第 1 节较短，短于前胸背板，第 4 节纺锤形短于第 3 节。前胸背板前角向前突出，侧角稍大于 90°。革片无深色斑，中央具 1 个小黑点。腹部两侧显著外扩，侧接缘露出，前翅不达腹部末端。

本种在塞罕坝地区 1 年 1～2 代，主要危害苜蓿、胡枝子等豆科植物。主要分布于大唤起分场等海拔较低区域。

成虫（曹亮明摄）

# 原缘蝽 *Coreus marginatus* Linnaeus

成虫体长12～16mm。体褐色，具黑色刻点。头方形，长略短于宽，头部刻点分布不均，两侧具较密颗粒状小突起，头顶颗粒稀疏。前胸背板侧缘向内弯曲，侧角圆钝不突出；胝明显，其上刻点及小颗粒较稀疏。小盾片简单，三角形，与前胸背板后缘几平齐。前翅略超过腹末，侧接缘明显膨大外露。

本种在塞罕坝地区主要危害艾、蒿、马铃薯等植物。

成虫（曹亮明摄）

成虫交配（曹亮明摄）

**半翅目** Hemiptera ▸ **缘蝽科** Coreidae

# 平肩棘缘蝽 *Cletus punctiger* (Dallas)

成虫体长 9～12mm。体黄褐色，复眼红褐色，单眼红色。前胸背板侧角黑色。前翅革片侧缘，近顶缘的翅室内斑点白色。体具密刻点，头顶中央具纵沟。触角第 4 节纺锤形。

本种在塞罕坝地区 1 年 1～2 代，主要危害禾本科植物。

成虫（曹亮明摄）

**半翅目** Hemiptera ▸ **姬缘蝽科** Coreidae

# 亚姬缘蝽 *Corizus tetraspilus* Horváth

成虫体长 8～10mm。体淡橘黄色。头边缘、前胸背板前端及后部斑、足黑色。头宽大于长，斜向下平伸，具稀疏大刻点及稀疏长毛，中叶略长于侧叶。前胸背板具较密长毛，后部具 4 个斑点。小盾片具较密长毛，基部具大斑，长略大于宽，端部略上翘。

本种在塞罕坝地区主要危害燕麦、苜蓿、苘麻、蒿等植物。7 月可见成虫。

成虫（国志锋摄）

半翅目 Hemiptera ▸ 姬缘蝽科 Rhopalidae

## 点伊缘蝽 *Rhopalus (Aeschyntelus) latus* (Jakovlev)

成虫体长 7～11mm。体棕褐色，有光泽，被黄褐色长毛。触角第 1 节褐色或棕黄色，第 2、3 节棕黄色，第 4 节黑褐色。前胸背板中纵脊明显，侧角向外延伸，上翘。前翅革片上具黑色点状斑纹，顶角常带红色。侧接缘各节基部 1/3 黄色，端部 2/3 黑色。

本种在塞罕坝地区主要危害禾本科植物。7 月可见成虫。

成虫（曹亮明摄）

半翅目 Hemiptera ▸ 蜂缘蝽科 Alydidae

## 点蜂缘蝽 *Riptortus pedestris* (Fabricius)

成虫体长 15～17mm。体褐色至黑褐色，头三角形，复眼向外明显突出，触角线状，第 1 节长于第 2 节，各节触角基部颜色淡，端部颜色深，前胸背板及胸侧板具许多不规则的黑色颗粒，前胸背板前叶向前倾斜，侧角成刺状。各足胫节中部颜色淡黄色，后足腿节粗大具黄斑，腹面具 4 个较长的刺和几个小齿。

本种在塞罕坝地区主要危害豆科植物，也危害玉米。

成虫（曹亮明摄）

# 直同蝽 *Elasmostethus interstinctus* (Linnaeus)

成虫体长 10 ~ 14mm。体黄绿色。小盾片基部中央、绝大部分爪片、革片顶端橘红色至深红色。腹部末端红色，侧接缘橘黄色。前胸背板侧角不成刺状，末端圆钝，略超出前翅基部。

本种在塞罕坝地区主要危害白桦等植物。7 月多见伏于白桦树干上。

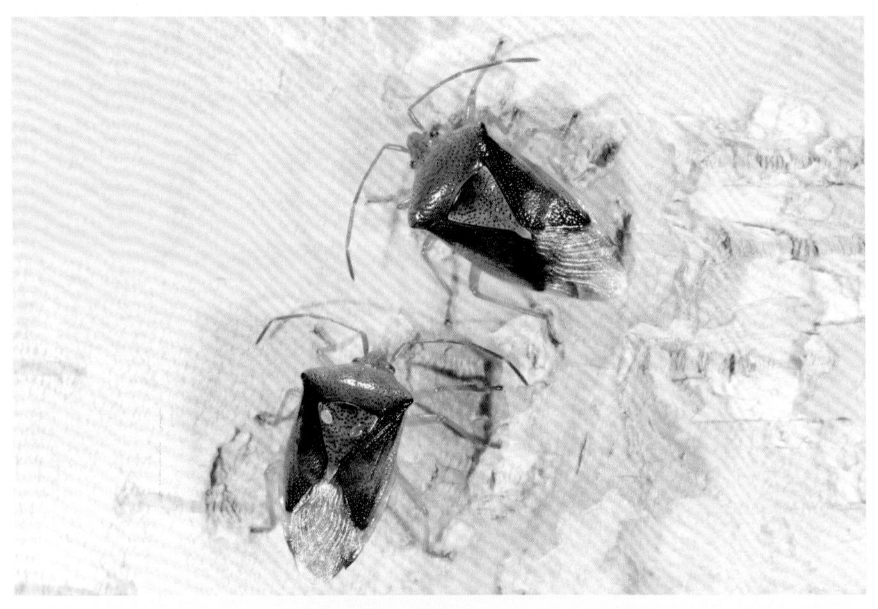

成虫（曹亮明摄）

成虫（曹亮明摄）

# 泛刺同蝽 *Acanthosoma spinicolle* Jakovlev

成虫体长 14～18mm。体绿或黄绿色，具黑色刻点。头侧缘、前胸背板横带红棕色；革片内域和爪片浅红棕色；前胸背板侧角黑色。头三角形，宽大于长，具横皱纹，中叶稍长于侧叶；复眼较突出，不大，近三角形，接触前胸前缘。前胸背板前后缘明显内凹，前角具指向两侧小指突，侧角延伸成短刺，末端尖锐，指向前侧方。

本种在塞罕坝地区主要危害榆、桦等树木。7 月多见伏于白桦树干上。

成虫（曹亮明摄）

成虫（曹亮明摄）

# 淡娇异蝽 *Urostylis yangi* Maa

成虫体长11～13mm。体草绿色，前胸背板侧缘及革片前缘米黄色。前胸背板、小盾片、革片内缘区域刻点无色。革片外缘区域刻点黑色。膜片透明无色，触角第1节草绿色，外侧有1条褐色线，2～5节浅黄色，向端部颜色逐渐变深。

本种在塞罕坝地区主要危害栗、栎等植物。7月可见成虫伏于路边杂草上。

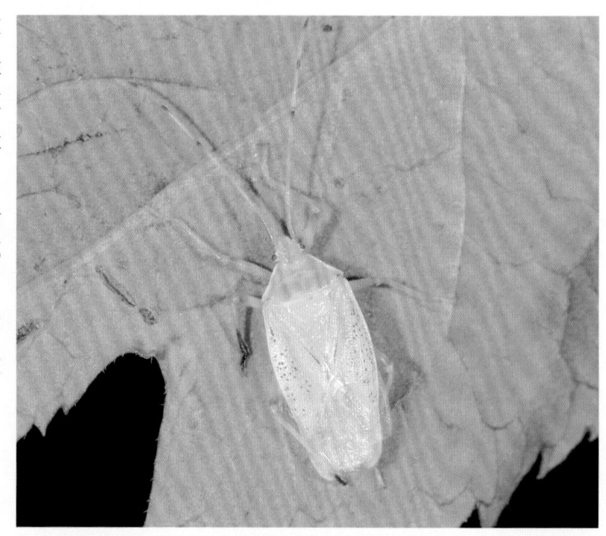

成虫（曹亮明摄）



# 环斑娇异蝽 *Urostylis annulicornis* Scott

成虫体长10～13mm。身体浅绿色，触角第3节、第4、5节端半部黑色。前胸背板、小盾片、爪片和革片具黑色刻点，小盾片长三角形，基半部略微隆起，具横皱纹。前翅膜片烟褐色。

本种在塞罕坝地区主要危害栎树。7月可见成虫伏于叶片、树干上。

成虫（曹亮明摄）

半翅目 Hemiptera ▸ 异蝽科 Urostylidae

# 光华异蝽 *Tessaromerus licenti* Yang

成虫体长7～10mm。体绿色，复眼红色，触角基节棕红色，第2节基部2/3棕红色，端部黑色，第3、4节端部黑色，基部黄色。前胸背板端半部及小盾片、革片具黑色刻点，头部无刻点。前胸背板侧缘白色。后胸侧板后角有1个褐色椭圆形斑纹。侧接缘接缝处具黄色三角形斑纹。

本种在塞罕坝地区7月可见成虫伏于艾蒿等植物上。

成虫（国志锋摄）

半翅目 Hemiptera ▸ 异蝽科 Urostylidae

# 红足壮异蝽 *Urochela quadrinotata* Reuter

成虫体长12～16mm。体浅褐色至红褐色，前胸背板胝部有2条黑色斑，触角1～3节、4～5节端半部黑色。小盾片基角处和顶角处、翅革片2个圆斑、气门均为黑色，触角4、5节基半部黄色。足红褐色，基节黄色。侧接缘具黑黄相间的斑纹。

本种在塞罕坝地区主要危害榆、栎等植物。

成虫（曹亮明摄）

半翅目 Hemiptera ▸ 盾蝽科 Scutelleridae

# 金绿宽盾蝽 *Poecilocoris lewisi* (Distant)

成虫体长 12～16mm。体金绿色，斑纹浅粉色。头部金绿色，有光泽。触角第 1 节黄褐色，2～5 节蓝黑色。前胸背板有 1 个横置的“日”字纹，小盾片基部为对称的“¬”形纹，端部周缘和中部 2 条横波浪纹，2 条横纹中央有 1 短纵纹。老熟若虫以黑色为主，前胸背板侧缘宽带、腹部背面 1～4 节白色。

本种在塞罕坝地区 1 年 1 代，主要危害侧柏、松。以 5 龄若虫越冬。

若虫（曹亮明摄）

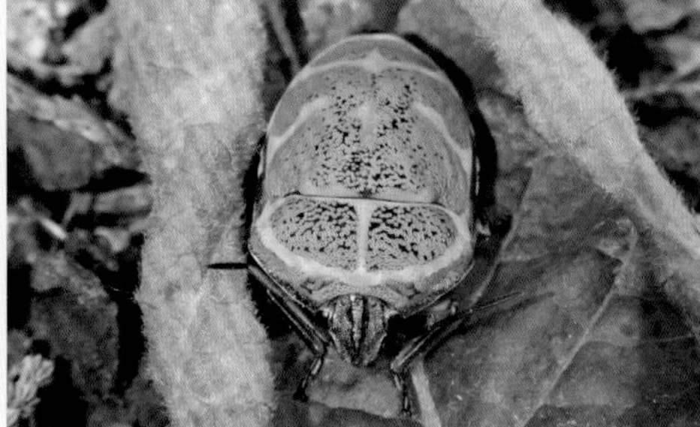

成虫（曹亮明摄）

半翅目 Hemiptera ▸ 网蝽科 Tingidae

# 褐角肩网蝽 *Uhlerites debilis* (Uhler)

成虫体长 2.5～2.8mm。体黄褐色。前翅中部有深色斑，前胸背板褐色，头兜、侧背板及三角突白色。头部小，大部分被头兜覆盖，无刻点，有 5 根刺。前胸背板中后部区域明显隆起，前端狭窄，有中纵脊。

本种在塞罕坝地区主要危害栎类植物。7 月多见于蒙古栎叶片背面，有时一片叶片背面数目较多。

成虫（曹亮明摄）

半翅目 Hemiptera ▸ 网蝽科 Tingidae

## 悬铃木方翅网蝽 *Corythucha ciliate* (Say)

成虫体长 3.2 ~ 3.8mm。体白色。头兜发达，完全覆盖头部，头兜的高度比前胸背板中纵脊高，头兜、侧背板、中纵脊和前翅表面上密生小刺，侧背板和前翅外缘的刺列十分明显，前翅显著超过腹部末端。

本种是我国主要的外来入侵生物之一，主要危害悬铃木。在塞罕坝地区海拔低的地方悬铃木上也发现了该虫，成虫和若虫刺吸寄主树木叶片汁液为害，受害严重时，叶片枯黄脱落，严重影响景观效果。

成虫（曹亮明摄）

半翅目 Hemiptera ▸ 盲蝽科 Miridae

## 长毛草盲蝽 *Lygus rugulipennis* (Poppius)

成虫体长 5.2 ~ 6.0mm。体黄色至褐色。体色斑变化较大。前胸背板具稀疏刻点，前翅刻点较密，比较均匀。翅面在楔片处开始向下倾斜。

本种在塞罕坝地区主要危害苜蓿、豆类、马铃薯等植物。具有访花行为。

成虫（曹亮明摄）

半翅目 Hemiptera ▸ 盲蝽科 Miridae

## 赤须盲蝽 *Trigonotylus coelestialium* (Kirkaldy)

成虫体长5～7mm。体草绿色。体背面有褐色的中纵纹，头部中央有1条中纵纹；触角鲜红色，第2节最长，第1节最粗，略长于第4节。复眼银白色。前胸背板刻点不清晰，小盾片基部具横皱纹，爪片与革片具细密刻点。膜片半透明，翅脉绿色。

本种在塞罕坝地区1年3代，主要危害禾本科杂草、谷子、玉米、高粱等植物，是塞罕坝草原地区禾本科植物主要害虫之一。

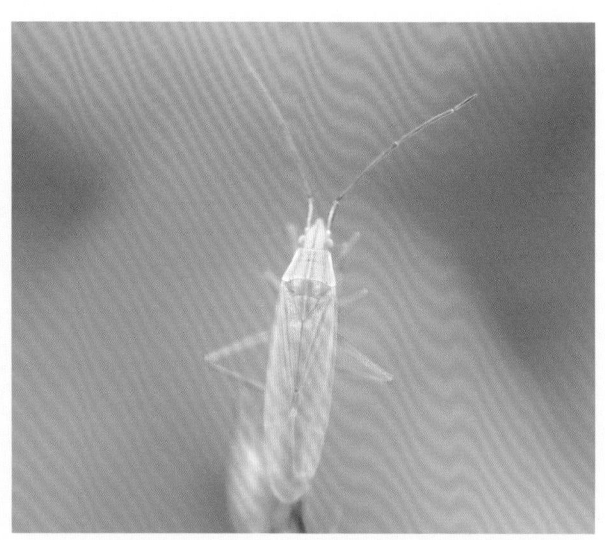

成虫（曹亮明摄）

半翅目 Hemiptera ▸ 盲蝽科 Miridae

## 苜蓿盲蝽 *Adelphocoris lineolatus* (Goeze)

成虫体长6～10mm。体底色绿色，具金黄色短刚毛。复眼红褐色，触角黄褐色。前胸背板金黄色，中部具2个圆形黑斑；前翅革片黄褐色，中部具1个长三角形褐色斑。喙极长，超过中足基节，小盾片三角形。

本种在塞罕坝草原地区主要危害苜蓿，林地中主要危害杨、柳、桑等植物。

成虫（国志锋摄）

四

# 根食害虫

Root-feeding insect pests

# 粗绿彩丽金龟 *Mimela holosericea* Fabricius

体长 14～20mm，体为具强烈金属光泽的深绿色。唇基前缘和前胸背板外缘有时呈褐色，腹面及足深紫色。头、前胸背板和鞘翅上均具密集的无规则粗刻点，每枚鞘翅上各有 4 条纵脊，其中最内侧纵脊异常粗壮。

本种在塞罕坝地区 1 年 1 代。幼虫危害云杉、冷杉、落叶松等针叶树根部，成虫则取食柳、山丁子等植物的叶片。本种以 3 龄幼虫在地下 50～75cm 处越冬，春季后逐渐上迁，5—6 月幼虫化蛹，7 月初羽化。成虫夜间活动、白天钻回土中潜藏。雌虫将卵产在土中，幼虫孵化后钻到 10cm 左右的土层中危害植物根部。

成虫（曹亮明摄）

# 多色异丽金龟 *Anomala chamaeleon* Fairmaire

体长 12～14mm，体色变化较大，主要有 3 种色型：①头、前胸背板、小盾片深铜绿色，鞘翅黄褐色；②全身深铜绿色；③全身浅蓝色。本种前胸背板后缘侧段无明显边框，后侧角圆弧形。

本种在塞罕坝地区 1 年 1 代。成虫取食栎、栗、楸树等植物的叶片，幼虫在地下取食植物根系。7 月可见成虫，具趋光性，以幼虫越冬。

成虫（曹亮明摄）

成虫（曹亮明摄）

成虫（国志锋摄）

成虫（国志锋摄）

鞘翅目 Coleoptera ▸ 金龟科 Scarabaeidae

# 铜绿异丽金龟 *Anomala corpulenta* Motschulsky

成虫体长 16～22mm。体铜绿色。头与前胸背板的颜色稍深，鞘翅颜色较淡偏黄。唇基前缘、前胸背板侧缘黄白色，臀板黄褐色，常具 1～3 枚铜绿色斑。鞘翅上密布不规则刻点，每枚上有 2 条长纵线延伸至末端。腹面乳黄色或黄褐色，密被绒毛。

本种在塞罕坝地区 1 年 1 代。幼虫在地下危害苗木与作物的根，成虫取食苹果、杨、柳、梨等树木的叶片。本种以 3 龄幼虫在地下深处越冬，春季后上升至浅层危害，6 月化蛹，7—8 月羽化。成虫夜间活动、白天钻回土中潜藏。雌虫将卵产在土中，幼虫孵化后钻到 10cm 左右的土层中危害植物根部。

成虫（国志锋摄）

鞘翅目 Coleoptera ▸ 金龟科 Scarabaeidae

# 无斑弧丽金龟 *Popillia mutans* Newman

成虫体长 9～14mm，体具强金属光泽的蓝紫色、墨绿色、暗红色和红褐色等颜色。唇基近梯形，前胸背板强烈隆起、中后部光滑无刻点，小盾片三角形。鞘翅近基部有横向凹陷，鞘翅具 10 列刻点，其中第 2 列较短、只有鞘翅的 1/2。臀板末端和腹部侧面无明显毛斑。

本种在塞罕坝地区 1 年 1 代。幼虫在地下危害植物根部。本种以 3 龄幼虫在地下深处越冬，春季后上升至浅层危害。成虫 5—9 月出现，常访月季、玫瑰等植物的花。

成虫（曹亮明摄）

# 中华弧丽金龟 *Popillia quadriguttata* (Fabricius)

成虫体长 7～12mm。头与前胸背板青铜色，鞘翅黄褐色，腹部侧面绿色或墨绿色、1～5 节各具 1 个白斑，臀板具 2 个白斑。前胸背板强烈隆起，小盾片三角形，鞘翅具 6 列纵刻点。

本种在塞罕坝地区 1 年 1 代。幼虫在地下危害豆类植物和禾本科植物的根。本种以 3 龄幼虫在地下深处越冬，春季后上升至浅层危害。成虫 6—9 月可见，取食葡萄、大豆、花生等植物的叶片和花。

成虫（国志锋摄）

# 大栗鳃金龟 *Melolontha hippocastani mongolica* Ménétriès

成虫体长 25～31mm。头与鞘翅为灰褐色，前胸背板褐色，中央有 1 条白色纵线，前后缘两侧各有 1 三角形白斑，小盾片被乳白色毛。每枚鞘翅各有 5 条纵线，纵线间密被白色绒毛。胸腹部密被黄灰色绒毛，腹部侧面 1～5 节各有 1 个三角形白斑，中后胸腹板两侧分别有 1 条白色条纹。臀板大，三角形，雄虫端部明显向后延伸，雌虫延伸不明显。

本种在塞罕坝地区 5 年 1 代。幼虫在地下危害多种苗木和玉米、小麦等农作物，成虫取食云杉、桦、杨等树木叶片。本种共越冬 5 次，1、2 龄幼虫各越冬 1 次，3 龄幼虫越冬 2 次，在第 4 年 6 月化蛹，8—9 月羽化但不出土，成虫越冬 1 次后再钻出地面。

成虫（雄）（曹亮明摄）

成虫（雌）（曹亮明摄）

# 大云鳃金龟 *Polyphylla laticollis* Lewis

成虫体长 31～39mm。体栗褐色至黑褐色。前胸背板前半部有 1 条白色中纵线，后半部左右两侧各有 1 条白色纵线与中央 1 条横线构成“M”形。鞘翅散布小刻点且密被针状无规则白色鳞片，形成云状白斑。雄虫前足胫节外缘具 2 个齿，雌虫具 3 个齿。雄虫触角 7 节，较大；雌虫触角 6 节，较小。

本种在塞罕坝地区 4 年 1 代。幼虫在地下危害苗木和作物的根，成虫取食松、柳、杨等植物的叶片。雌虫钻入地下 10～30cm 的土层中分散产卵，卵期 25 天左右。气温降低后，幼虫潜入地下深处越冬，翌年气温升高后幼虫再上升至浅层取食植物根部，如此往复。第 4 年气温升高后化蛹、羽化，7—8 月钻出地面。

成虫（曹亮明摄）

鞘翅目 Coleoptera ▸ 金龟科 Scarabaeidae

## 小云鳃金龟 *Polyphylla gracilicornis* (Blanchard)

成虫体长 24 ~ 30mm。体色等特征与大云鳃金龟相似，但前胸背板中纵线贯穿前后，鞘翅斑纹较小，斑间白色鳞片甚少，雄虫前足胫节外缘仅 1 个齿。

本种在塞罕坝地区 4 年 1 代。幼虫在地下危害苗木和作物的根，成虫取食松、柳、杨等植物的叶片。

成虫（曹亮明摄）

鞘翅目 Coleoptera ▸ 金龟科 Scarabaeidae

## 弟兄鳃金龟 *Melolontha frater* Arrow

成虫体长 22 ~ 26mm。体淡褐色，全身密被乳白色或灰白色短针状毛。雄虫触角 7 节，较大；雌虫触角 6 节，较小。鞘翅具 4 条纵线，最外侧的较短。中足基节之间的中胸腹板具短小凸起。雄虫前足胫节外侧具 2 个齿，雌虫具 3 个齿。

本种在塞罕坝地区 4 年 1 代。幼虫在地下危害马铃薯、豆类和禾本科的根。本种均以幼虫在地下深处越冬，每年初春幼虫均会上升至浅层取食，第 4 年春天化蛹、羽化，5—7 月钻出地面。

成虫（曹亮明摄）

# 大卫单爪鳃金龟 *Hoplia davidis* Fairmaire

成虫体长 8～10mm。体黑色或棕黑色，足红棕色。头部背面密布粗刻点，额区散布黄色或黄灰色大鳞片。唇基近矩形，前缘两侧隆起呈“M”形。前胸背板中部最宽，覆盖黑色或黄灰色鳞片。鞘翅平整、覆盖黄灰色鳞片。臀板大，臀板后半部分与腹面密布鳞片。足散布鳞片，后足腿节大部为鳞片覆盖且具金属光泽。前足胫节 3 齿，其中第 1、2 齿较大，前爪 1 大 1 小，小爪长为大爪的 3/4；后足仅具 1 个简单爪。

本种在塞罕坝地区1年1代。以3龄幼虫越冬，春季上升至浅层危害苗木和作物根部，成虫取食杨、柳、榆等植物。成虫每年 6—7 月可见，雌虫平时栖息在植株上，产卵时下地钻入土层 10cm 左右产卵。

成虫（曹亮明摄）

鞘翅目 Coleoptera ▸ 金龟科 Scarabaeidae

## 福婆鳃金龟 *Brahmina faldermanni* Kraatz

成虫体长 9 ~ 13mm。体栗褐色，全身密被淡黄色绒毛。唇基前缘横直，额头有不规则刻点，头顶有大量横褶。触角 10 节，雄虫鳃片状部分的长度等于前 6 节之和。鞘翅和前胸背板密布刻点，前胸背板中部最宽、侧缘锯齿状。

本种在塞罕坝地区 1 年 1 代。幼虫生活地下危害小麦、花生等作物的根部，成虫取食苹果、桃、李等植物的叶片。本种以老熟幼虫越冬，初春化蛹、羽化，蛰伏至 6 月钻出地面。雌虫将卵产在土中。

幼虫（曹亮明摄）

成虫（曹亮明摄）

鞘翅目 Coleoptera ▸ 金龟科 Scarabaeidae

## 围绿单爪鳃金龟 *Hoplia cincticollis* (Faldermann)

成虫体长 11 ~ 16mm。体黑色，鞘翅淡绿色，体表密被各式鳞片。触角 10 节，鳃片部 3 节、短小。前胸背板圆隆，侧缘钝角形外扩。各足胫节无端距，前足胫节扁宽，外缘具 3 齿。

本种在塞罕坝地区 1 年 1 代。成虫危害杨、榆、栎等植物的嫩梢、枝叶，有访花行为；幼虫在浅土层危害苗木和作物根部。

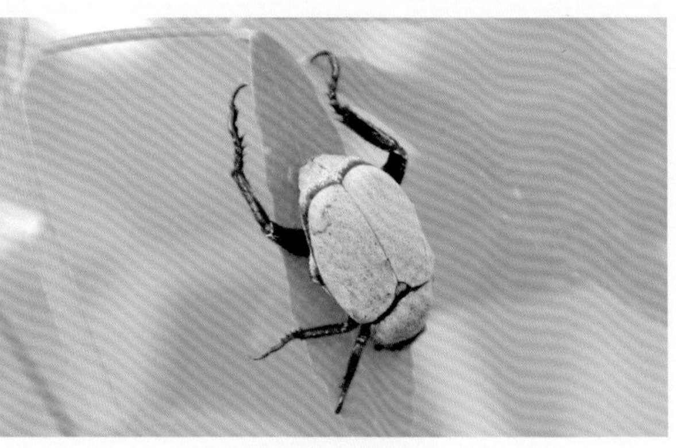

成虫（曹亮明摄）

鞘翅目 Coleoptera ▸ 金龟科 Scarabaeidae

## 饥星花金龟 *Protaetia famelica* (Janson)

成虫体长14～19mm。体色多变，有铜绿色、古铜色和铜红色等。唇基“M”形，前胸背板近梯形，两侧密布皱褶和细小刻点。小盾片为圆钝的三角形，中胸腹突横向，前缘弧形。鞘翅具不同形状的白色横条状细斑。前足胫节外缘有3齿。

本种在塞罕坝地区1年2～3代。幼虫生活在朽木中；成虫访花，取食栎、榆等植物的花器。

成虫（曹亮明摄）

鞘翅目 Coleoptera ▸ 金龟科 Scarabaeidae

## 短毛斑金龟 *Lasiotrichius succinctus* (Pallas)

成虫体长9～12mm。体黑色，密被淡黄色、棕褐色和黑褐色绒毛。鞘翅主体黑色，两鞘翅上的黄褐色斑纹组成形似倒“兆”的图案。前臀大部外露，前半部密被淡黄色绒毛、后半部密被黑色绒毛。

本种在塞罕坝地区1年2～3代。幼虫生活在朽木中，成虫访花。

成虫（曹亮明摄）

鞘翅目 Coleoptera ▸ 金龟科 Scarabaeidae

## 东方绢金龟 *Maladera orientails* Motschulsky

成虫体长 6～9mm。体黑色，密被白色短绒毛。唇基密布粗刻点、中央多横褶。触角共 9 节，鳃片状 3 节。鞘翅上密布刻点、各有 9 条纵沟。臀板三角形。

本种在塞罕坝地区 1 年 1 代。幼虫在地下危害植物的根部。本种以成虫在土中蛰伏越冬，初春即出蛰，取食枣、苹果、桃等多种植物的叶片和花瓣。

成虫（曹亮明摄）

鞘翅目 Coleoptera ▸ 叩甲科 Elateridae

## 沟线角叩甲 *Pleonomus canaliculatus* (Faldermann)

成虫体长 14～18mm。体暗棕色，密被黄白色细毛。雄虫体细长，触角 12 节达鞘翅末端，鞘翅末端具明显纵沟。雌虫体较雄虫宽，鞘翅纵沟不明显。

本种在塞罕坝地区 3 年 1 代，危害多种苗木和作物的根茎和种子。幼虫 12～16 龄不等，世代重叠现象严重。本种以成虫或幼虫在地下越冬，越冬成虫 4 月上旬开始活动，通常在 8—9 月间化蛹。幼虫对温度条件反应敏感，有的地区的幼虫有冬眠、夏眠的习性。

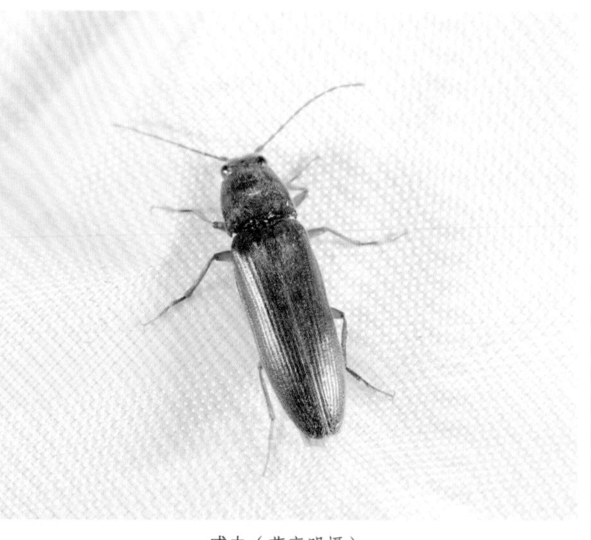

成虫（曹亮明摄）

鳞翅目 Lepidoptera ▸ 夜蛾科 Noctuidae

# 八字地老虎 *Xestia c-nigrum* (Linnaeus)

翅展 29～36mm。头、胸部褐色，颈板杂有灰白色毛。前翅中室基部褐色，其余部分黑色。中室下方颜色较深，环有浅的“V”形褐色纹。基线和内线双线黑色，外线不明显呈双线锯齿状。亚端线淡，在顶角初呈 1 个黑斜条。后翅淡褐色，端区较暗。雌蛾触角丝状，雄蛾触角双栉齿状。

成虫（国志锋摄）

本种在塞罕坝地区 1 年 2～3 代。幼虫在地下危害十字花科蔬菜、豌豆、小麦等农作物的根部。本种以蛹在地下深处越冬。第 1 代在 4—5 月羽化，第 2 代 7 月羽化，第 3 代 9 月下旬左右化蛹。幼虫 6～8 龄，3 龄前昼夜取食；3 龄后昼伏夜出，通常将植株嫩茎咬断并拖入巢穴中取食。

鳞翅目 Lepidoptera ▸ 夜蛾科 Noctuidae

# 黄地老虎 *Agrotis segetum* (Denis & Schiffermüller)

翅展 31～43mm。雌蛾触角丝状；雄蛾基部 2/3 双栉齿状，端部丝状。前翅黄褐色，翅面散布小黑点，散布颜色较淡的横向双曲线，肾状纹、环状纹和剑状纹围有黑边。后翅灰白色，外缘颜色稍暗。

成虫（国志锋摄）

本种在塞罕坝地区 1 年 2～3 代。幼虫在地下危害玉米、小麦、马铃薯等农作物的根部。以蛹或老熟幼虫在地下 10cm 左右的深处越冬。雌虫喜在植被稀疏处的叶片上产卵，一般在叶片背面产 3～4 枚卵。1、2 龄幼虫取食叶肉和嫩尖，3 龄幼虫常咬断嫩茎，4 龄幼虫常在近地面将幼茎咬断，6 龄幼虫适量暴增，一般一晚可危害 1～5 株植物。

# 五 害鼠

Rodent pests

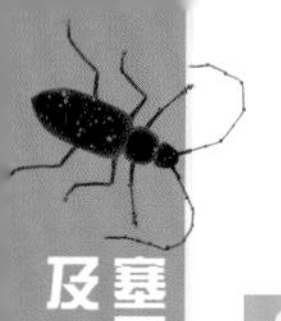



食肉目 Carnivora ▸ 鼬科 Mustelidae

# 黄鼬 *Mustela sibirica* Pallas

体长 28～40cm，尾长 12～25cm。体细长，头细颈长，耳壳短而宽，尾长约为体长 1/2，四肢较短，肛门腺发达，体色黄棕，吻端和颜面部深褐色；鼻端周围、口角和额部对白色，杂有棕黄色；体腹面颜色略淡。

寿命 10 年左右，每年繁殖 1～2 次，冬末春初发情，春末夏初产仔，每胎 5～12 只；食性很杂，主要以小型哺乳动物为食。在野外以老鼠和野兔为主食。

黄鼬（刘广智摄）

# 大林姬鼠 *Apodemus speciosus* (Temminck)

长 70 ~ 120mm。体形细长，尾长几与体等长，耳较大，向前拉可达眼部；前后足各有 6 个足垫；雌鼠在胸腹各有 2 对乳头；毛色随季节而变化，尾色上褐下白；足背和下颌均为白色；整个头骨较宽大，吻部稍圆钝。

塞罕坝地区常见有害鼠类之一。本种 4 月即可开始进行繁殖，6 月为繁殖盛期，每胎产仔 4 ~ 9 只，一般每年可繁殖 2 ~ 3 代。主要以夜晚活动为主，冬季可以活动于雪被下，在林区会对造林苗木造成伤害。

大林姬鼠（刘广智摄）

大林姬鼠（刘广智摄）

啮齿目 Rodentia ▸ 松鼠科 Sciuridae

# 黑松鼠 *Sciurus vulgaris* subsp. *mantchuricus* Thomas

体态修长而轻盈，体长为18～26cm，尾长而粗大，尾毛密长而且蓬松，四前肢比后肢短，耳壳发达；全身背部自吻端到尾基，体侧和四肢外侧均为褐灰色，腹部自下颌后方到尾基，四肢内侧均为白色；尾的背面和腹面呈棕黑色。

塞罕坝地区最常见有松鼠之一，寿命4～10年，以针坚果和嫩叶为食，有时也会吃昆虫幼虫、蚁卵和其他小虫。

黑松鼠（刘广智摄）

啮齿目 Rodentia ▸ 松鼠科 Sciuridae

# 达乌尔黄鼠 *Spermophilus dauricus* Brandt

体型肥胖，尾短，尾端毛蓬松，体背毛棕黄褐色。体长16～23cm，体重154～264g，鼠龄越大，门齿越长，门齿颜色加深，身长增加。

本种为群体散居性动物，春夏交配期间出洞频繁，危害严重，交配结束后便不在迁移。主要吃农田作物及牧草的绿色部分及种子，秋季也常扑食昆虫、青蛙和小型鼠类等；春季出蛰后以蒿类的根茎为食；在农区主要吃农作物的幼苗、瓜果、蔬菜、杂草和作物种子。

达乌尔黄鼠（刘广智摄）

# 五道眉花鼠 *Tamias sibiricus* (Laxmann)

个体较大，总长 18～25cm，体长 12～17cm，尾长约 10cm, 头部至背部毛呈淡褐色至黑黄褐色，背上有 5 条明显的黑色纵纹，其间为 4 条淡黄色条纹相隔。正中的条纹为黑色，自头顶部后延伸至尾基部，外两条为黑褐色，最外两条为白色，均起于肩部，终于臀部。

主要在白天活动，晨昏之际最为活跃。7 月中旬数量最多，早春、晚秋有少量活动，半冬眠；每年繁殖 1～2 次，每胎 4～5 只，3 月即可性成熟。食性杂，对豆类、麦类、谷类及瓜果等都为害。

五道眉花鼠（刘广智摄）

**啮齿目** Rodentia ▸ **仓鼠科** Circetidae

# 棕背䶄 *Myodes rufocanus* (Sundevall)

体型较粗胖，体长约100mm，耳较大，四肢短小，毛长而蓬松，背部红棕色，体侧灰黄色，吻端至眼前为灰褐色腹毛污白色，头骨粗短。

夜间活动频繁，不冬眠。属杂食性，除植物外还采食小型动物和昆虫，其食性存在着明显的季节变化，春夏两季喜食鲜嫩部位，秋季采食植物种子；本种4—5月开始繁殖，5—7月为繁殖高峰期，每年2～4胎，每胎4～13只。

棕背䶄（刘广智摄）

**啮齿目** Rodentia ▸ **仓鼠科** Circetidae

# 高原鼢鼠 *Eospalax fontanieri* Milne-Eedwards

头大而扁，耳壳不发达，眼极小，背毛银灰色而赂带淡赭色，体长20.4～22.8cm，体重300～500g。

主要分布在我国北方、青藏高原及川西等地。每4—6月为交配期，每年2～3胎，每胎4～8只。幼鼠2个月性成熟，除交配期外雌雄单独生活，喜暗惧光，一般在春秋季节的上午活动频繁，不冬眠。

高原鼢鼠（刘广智摄）

六

# 害虫天敌

## Natural enemies

蜻蜓目 Odonata ▸ 蟌科 Coenagrionidae

## 心斑绿蟌 *Enallagma cyathigerum* (Charpentier)

成虫体长 32～40mm。体蓝色，头顶具黑色横条纹，胸部背面和侧面各有 1 条黑色条纹，背面黑色条纹较宽。腹部各节除后两节外末端具黑色环纹。

本种在塞罕坝地区 7 月可见于湿地附近的草丛中。

成虫（曹亮明摄）

蜻蜓目 Odonata ▸ 蟌科 Coenagrionidae

## 月斑蟌 *Conenagrion lunulatum* (Charpentier)

成虫体长 30～33mm。体黑色，雄虫面部有蓝绿色条纹；胸部背面前端具蓝色条纹，侧面蓝色；腹部每节前端蓝色环斑。

本种在塞罕坝地区 6—8 月可见于湿地河流附近。常捕食蚊、摇蚊等小型双翅目昆虫。

成虫（第三乡分场，国志锋摄）

蜻蜓目 Odonata ▸ 蜻科 Libellulidae

## 黄蜻 *Pantala flavescens* (Fabricius)

成虫体长 32～40mm。体赤黄至红色；头顶中央突起，顶端黄色，下方黑褐色，后头褐色。前胸黑褐，前叶上方和背板有白斑；合胸背前方赤褐，具细毛。翅透明，赤黄色；后翅臀域浅茶褐色。足黑色、腿节及前、中足胫节有黄色纹。腹部赤黄，第 1 腹节背板有黄色横斑。

本种在塞罕坝地区 7 月可见成虫。

成虫（第三乡分场，国志锋摄）

螳螂目 Mantodea ▸ 螳科 Mantidae

## 中华大刀螂 *Tenodera sinensis* (Saussure)

雌虫体长 74～90mm，雄虫体长 68～77mm。体暗褐色或绿色。沟后区与前足基节长度之差为前胸背板最宽处的 0.3～1.0 倍，雌虫前胸背板较宽，长 23.0～28.5mm，侧角宽 5～7mm，长宽比 4.3∶1，中纵沟两侧排列有许多小颗粒，侧缘齿列较密。雄虫前胸背板长 21～23mm，宽 4.0～4.8mm，长宽比 5.2∶1，无细齿。雄虫翅前缘绿色，其余为烟黑色，半透明，后翅基部有 1 块黑斑。

本种在塞罕坝地区常见，在草丛中捕食直翅类、蛾类、半翅类、鞘翅类等害虫。

卵鞘（曹亮明摄）

成虫（曹亮明摄）

**螳螂目** Mantedea ▸ **螳科** Mantidae

## 棕污斑螳螂 *Statilia maculate* (Thunberg)

体大多为棕色，前足基节和腿节内侧具有大块的黑色斑纹，前足内部有黑、白、粉色斑。复眼突出，单眼3个，排成三角形。触角丝状，口器咀嚼式，上颚发达。

本种在塞罕坝地区常见，在草丛中捕食直翅类害虫。

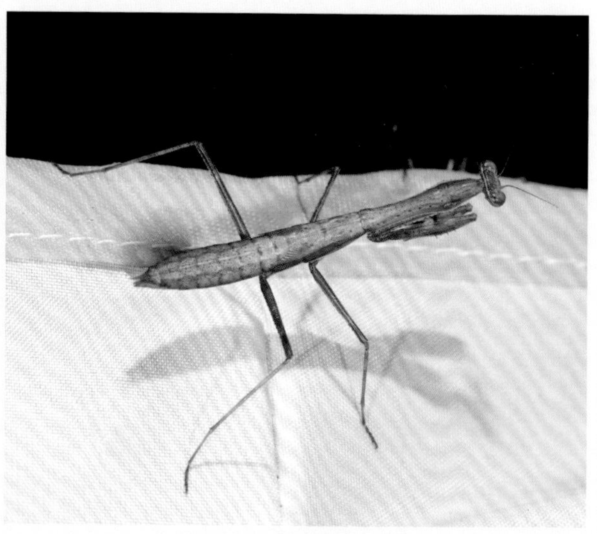

成虫（曹亮明摄）

**直翅目** Orthoptera ▸ **螽斯科** Tettigoniidae

## 暗褐蝈螽 *Gampsocleis sedakovii obscura* (Walker)

成虫体长33～40mm，紫褐色，翅长几乎与体长相等，前翅上具红褐、黑褐和绿色相间的色斑。后足腿节外侧具1列深褐色斑纹。雌虫产卵器略向下弯曲，长约21mm。

捕食性天敌，捕食舞毒蛾幼虫等害虫。

成虫（千层板分场，国志锋摄）

**直翅目** Orthoptera ▸ **螽斯科** Tettigoniidae

# 中华寰螽 *Atlanticus sinensis* Uvarov

成虫体长29～40mm。雌虫明显大于雄虫，头顶与触角第1节等宽，前胸背板长8.0～10.5mm，背面不具纵沟。触角长37～50mm。头部从眼部至前胸背板两侧有1条黑色宽带，并在背脊侧面向下方加宽，几乎包住前胸背板。前胸背板具明显中隆线。雄虫前翅短，长7.5～8.5mm，与前胸背板等长，或稍短于前胸背板。后翅退化。

捕食性天敌，捕食松毛虫、舞毒蛾幼虫等害虫。

成虫（千层板分场，国志锋摄）

**半翅目** Hemiptera ▸ **盲蝽科** Miridae

# 大齿爪盲蝽 *Deraeocoris brachialis* Stål

成虫体长3.5～5.5mm。体黄褐色。头红褐色，唇基中央、小颊黑色。前胸背板胝区红褐色，光滑，前胸背板其他区域具黑色刻点。小盾片中央具黑色三角形斑，革片内角、外端角及两者中间的斑纹黑色，楔片端角黑色。腿节红褐色，胫节黑白色相间。

本种是塞罕坝草原地区重要的捕食性天敌，捕食蚜虫、飞虱、木虱等害虫。

成虫（大唤起分场，国志锋摄）

半翅目 Hemiptera ▸ 蝽科 Pentatomidae

# 蠋蝽 *Arma custos* (Fabricius)

成虫体长 10 ~ 13mm，宽 5 ~ 7mm。体黄褐、灰褐至黑褐色，深浅不一。全身满布深色小刻点，体背面平，腹面色浅。头部中叶与侧叶末端平齐。喙第 1 节粗壮，基部被小颊包围，一般不紧贴于头部腹面，可活动。第 2 节长几乎等于第 3、4 节总长，前胸背板侧缘前端色浅，不成黑带状，侧角略短，不尖锐上翘。

本种在塞罕坝草原地区重要的捕食性天敌，捕食多种鳞翅目害虫。

成虫（曹亮明摄）

成虫（曹亮明摄）

半翅目 Hemiptera ▸ 姬蝽科 Nabidae

# 姬蝽 *Nabis* sp.

成虫体长 10mm。体长形，前端稍窄，体色灰黄暗淡，有黑色斑纹。头圆柱形，复眼大，位于头的两侧，远离前胸背板前缘，单眼显著。触角细长，第 1 节较粗，第 2 节最长。喙第 1 节最短，长宽相等。前胸背板中央横缩形成前、后两叶，前叶具领，中央有云形纹，后叶稍向上弓，小盾片三角形。

本种在落叶松树皮上捕食其他昆虫。

成虫（曹亮明摄）

半翅目 Hemiptera ▸ 猎蝽科 Reduviidae

## 中华螳瘤蝽 *Cnizocoris sinensis* Kormilev

体黄褐色至棕褐色；头背面两侧、触角第 1 节背面、雄虫第 4 节端半部、前胸背板侧角、小盾片基部中央斑、侧接缘各节后角及第 4 节全部黑褐色至黑色；眼及单眼红色；前胸背板前叶基部中央及后叶 2 条纵脊通常棕黑色；革片端部、前翅膜片、腹部末端背面暗棕色至褐黑色；雌虫触角大部、前胸背板后叶、革片的纵脉、有时腹部末端棕红色。

本种在林间杂草上捕食其他昆虫。

成虫（曹亮明摄）

半翅目 Hemiptera ▸ 猎蝽科 Reduviidae

## 红缘瑞猎蝽 *Rhynocoris rubromarginatus* Jakovlev

体黑色，闪光。前胸背板后叶侧、后缘，侧接缘红色，或黄褐色至暗红褐色；头腹面、基节臼缘斑、前足基节臼内侧、发音沟、转节基部、中胸腹板中部乳白色至浅黄色；单眼之间及与同侧复眼之间的圆斑黄色至黄褐色；复眼暗褐色，具淡黄褐色不规则斑纹；触角、胫节、跗节黑褐色至黑色；腹部第 7 节腹板后缘暗黄色至黑色。

本种在林间杂草上捕食其他昆虫。

成虫（曹亮明摄）

# 淡带荆猎蝽 *Acanthaspis cincticrus* Stål

体黑褐色至黑色。复眼褐至褐黑色。前胸背板侧角刺及基部的斑，后叶中部的2个斑（有时；两斑相连）、侧接缘各节端部1/2、各腿节及胫节上的环纹、第3跗节基部浅黄色至黄色；革片前缘端部2/3、膜区（除翅脉呈色外）浅褐至灰黑色；革片上的斜带白色至黄白色。体腹面被淡色长短不一的闪光毛；头的背面密被短的淡色平伏毛；头的背面、前胸背板前叶、小盾片散生褐色长刚毛；各腿节腹面密被黄褐色长短不一的细毛和稀疏的褐色长刚毛。头部眼前区短，约与眼后区等长；触角第1节约等于眼加眼前区之长；颊较圆鼓；触角瘤前面较隆起；单眼之间隆起。

本种在地表爬行活动，捕食蚂蚁。

成虫（曹亮明摄）

半翅目 Hemiptera ▸ 猎蝽科 Reduviidae

# 青背瑞猎蝽 *Rhynocoris leucospilus* (Stål)

体黑色，闪光。单眼之间及与同侧复眼之间的斑，头腹面，前胸背板前叶侧缘，前足基节臼边缘斑，中、后足基节臼缘斑，中胸腹板中部，发音沟，腹部第2节背板前缘，侧接缘各节端半部淡黄色至暗黄色；复眼褐色，具不规则黑色斑纹；喙第2节，触角第1节中部大部，触角第2、3、4节，腿节亚基部和亚端部具不显著的环斑，胫节（除基部和端部），跗节红褐色至暗褐色；喙第1节端半部，革片棕褐色。

本种在落叶松树皮上捕食其他昆虫。

成虫（曹亮明摄）

半翅目 Hemiptera ▸ 猎蝽科 Reduviidae

# 褐菱猎蝽 *Isyndus obscurus* (Dallas)

成虫深褐色。触角第2节基部、第3节亚端部、第4节基半部黄褐色至红褐色，第3节基半部和端部、第4节端半部淡黄色至红色；复眼灰黄色至黄褐色，有不规则的暗色斑纹。侧接缘上的斑点红褐色至浅褐色。

本种在树叶上捕食其他昆虫。

成虫（赵萍摄）

半翅目 Hemiptera ▸ 猎蝽科 Reduviidae

## 黑红猎蝽 *Haematoloecha nigrorufa* stål

体红色，光亮。头、各足、小盾片、体腹面褐色至黑褐色，触角、前翅爪片(除基部外)、革片上的斑黑褐色至褐黑色；前翅膜区褐黑色至黑色；各足跗节暗褐色；前胸背板前叶黑褐色至红褐色；侧接缘各节端半部红褐色至褐黑色。

本种在地表捕食马陆。

成虫（赵萍摄）

半翅目 Hemiptera ▸ 猎蝽科 Reduviidae

## 双刺胸猎蝽 *Pygolampis bidentata* (Goeze)

体棕褐色，具有不规则浅色或暗色斑点；触角褐色；头部腹面、单眼外侧斑点和前翅膜片上不规则斑点浅色；头部、前胸背板突起部分和革片被有浓密白毛；头顶、复眼、眼后两侧和小盾片黑色；腹部腹面暗黄色；各腿节端部、前足和中足胫节端部及亚中部环纹、腹部侧接缘各节基部及顶端均具褐色斑块。头部横缢前部长于后部，前部具有呈反箭头状“V”形光滑条纹，后部具有中央纵沟；头的腹面凹陷；复眼前部两侧下方密生顶端具毛的小突起，复眼后部具有分枝的棘，棘的顶端具毛；复眼圆形，向两侧突出，单眼突出。

本种在地表枯草中捕食其他种类节肢动物。

成虫（陈卓摄）

半翅目 Hemiptera ▸ 猎蝽科 Reduviidae

# 大土猎蝽 *Coranus dilatatus* (Matsumura)

体黑色。前胸背板后叶、前翅、小盾片两侧深红褐色；触角基部黑色，第 2 节深褐色，第 3～5 节浅褐色；腹部腹面黑色，第 3～7 腹板两侧前缘具一个浅色小横斑，其各节两侧中部各有 1 个光秃淡斑，侧接缘各节端部 1/4～1/3 浅黄色；爪棕色。

本种在地表捕食其他昆虫。

成虫（曹亮明摄）

半翅目 Hemiptera ▸ 猎蝽科 Reduviidae

# 黑光猎蝽 *Ectrychotes andreae* (Thunberg)

体黑色，具蓝色闪光。各足转节、腿节基部、腹部腹面大部红色；侧接缘(雄虫除第 6 节后部、雌虫除第 3～6 节后部)橘黄色至鲜红色，大多数个体为鲜红色；前翅基部、前腿节内侧的纵斑、前足胫节腹面及侧面的纵斑黄白色至暗黄色；喙末节、各足胫节及跗节黑褐色至黑色；触角第 3～4 节暗褐色至黑色。

本种在地表捕食马陆。

成虫（赵萍摄）

# 异色瓢虫 *Harmonia axyridis* (Pallas)

成虫体长 5～8mm。体卵圆形。若前胸背板颜色较浅，则具有前胸背板可见"m"形黑色斑纹。小盾片橙黄色至黑色。鞘翅斑纹颜色变化较大，其鞘翅近末端有明显的突起，为该种的重要识别特征。

成虫冬季在室内、树缝、枯枝层等向阳避风处越冬，在塞罕坝地区 5 月开始出现。卵黄色，聚产。幼虫期 15～20 天，幼虫多化蛹在叶片上，蛹期 7 天左右。本种成虫、幼虫均可取食木虱、蚜虫等农林害虫，是良好的天敌昆虫。

成虫（曹亮明摄）

成虫（陈文昱摄）

成虫（曹亮明摄）

成虫（曹亮明摄）

# 七星瓢虫 *Coccinella septempunctata* Linnaeus

成虫体长6mm左右。体卵圆形。前胸背板黑色，两侧有梯形白色斑纹。鞘翅鲜红色，每片鞘翅上各具4枚黑斑，其中小盾片下方的2枚黑斑在不飞行时形成1枚大的黑斑。小盾片前侧各具1枚灰白色三角形斑。

成虫冬季在室内、树缝、枯枝层等向阳避风处越冬，在塞罕坝5—6月出蛰伏。本种有聚集迁飞行为，5月底、6月中上旬是迁飞盛期。本种成虫、幼虫均可取食木虱、蚜虫等农林害虫，幼虫期可取食400余头蚜虫，是良好的天敌昆虫。

卵（曹亮明摄）

成虫（曹亮明摄）

成虫（曹亮明摄）

成虫（曹亮明摄）

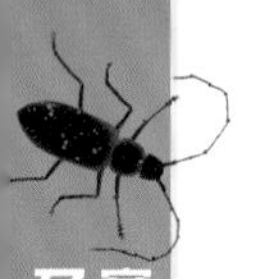



鞘翅目 Coleoptera ▸ 瓢虫科 Coccinellidae

## 龟纹瓢虫 *Propylaea japonica* (Thunberg)

成虫体长 4mm 左右。体长圆形。前胸背板浅黄色，具 1 枚大黑斑。小盾片黑色。鞘翅基色橙黄色，上游龟纹状黑色斑纹，但黑色斑纹常扩大相互连接或缩小独立成为黑色斑点，有时甚至消失。

本种在塞罕坝地区 5 月开始出现，成虫、幼虫均可取食木虱、蚜虫等农林害虫，是良好的天敌昆虫。

成虫（王传珍摄）

鞘翅目 Coleoptera ▸ 瓢虫科 Coccinellidae

## 六斑异瓢虫 *Aiolocaria hexaspilota* (Hope)

成虫体长 9～11mm。头部黑色，前胸背板中央黑色，两侧具 1 枚粉红色大圆斑。鞘翅底色黑色，具左右对称的粉红色斑纹，翅基半部内侧为“L”形斑纹，外侧粗条形斑，端半部为不规则“U”形斑纹。

本种在塞罕坝地区 7 月可见成虫。

成虫（国志锋摄）

鞘翅目 Coleoptera ▸ 步甲科 Carabidae

# 铜绿虎甲 *Cicindela coerulea nitida* Lichtenstein

成虫体长 16mm 左右。全身具强烈的金属光泽。触角基部 4 节具绿色金属光泽，触角其余节黑色。头胸部翠绿色，鞘翅紫红色。每片鞘翅边缘纵向排列 3 枚白色斑，基部斑新月形，中部斑波浪形，端部斑“c”形。

本种在塞罕坝地区 6—8 月常见，成虫捕食性。幼虫蛃型，生活在地下，制作 1 个圆筒状孔洞，头部张开口器在洞口等待，待小型昆虫路过随机伏击。

成虫（三道河口分场，国志锋摄）

成虫（三道河口分场，国志锋摄）

鞘翅目 Coleoptera ▸ 步甲科 Carabidae

# 谷婪步甲 *Harpalus calceatus* (Duftschmid)

成虫体长 10.5～14.0mm，宽 4.5～5.5mm。体黑色，有强光泽。触角、上唇、下颚、下唇、唇基前缘、前胸背板侧缘及跗节棕红色。头部光洁，无刻点。触角第 1、2 节及第 3 节基部光滑无毛，自第 3 节中部后没被细毛。触角长度超过前胸背板。前胸背板宽大于长，最宽处在中部之前，两侧缘于中部前膨出，其上具长缘毛。

成虫（曹亮明摄）

鞘翅目 Coleoptera ▸ 步甲科 Carabidae

## 芽斑虎甲 *Cicindela gemmata* Faldermann

成虫体长 16 ~ 19mm。体暗赤铜色或暗绿铜色；上唇黄白色，长大于宽。每片鞘翅边缘纵向排列 3 枚白色斑，基部斑点状，中部斑波浪形，端部斑“c”形。

本种在塞罕坝地区 6 月可见，主要捕食鳞翅目幼虫，但也捕食其他小型昆虫。

成虫（曹亮明摄）

鞘翅目 Coleoptera ▸ 步甲科 Carabidae

## 中华金星步甲 *Calosoma chinense* Kirby

成虫体长 25 ~ 32mm。体古铜色，有时黑色，具金属光泽。头具褶皱和细刻点，复眼之间密布细刻点。前胸背板宽大于长，中部最宽，盘区隆起，侧缘弧缘且微翘，后角微突出，刻点密。鞘翅宽阔，散布金色点，大而显著。雄虫中后胫节强烈弯曲，后胫节有内缘毛。

本种以成虫在地下深处越冬，5 月结束越冬、交配，1—2 月后产卵，产卵后死亡。成虫多白昼蛰伏，夜间活跃捕食。

成虫（大唤起分场，国志锋摄）

鞘翅目 Coleoptera ▸ 葬甲科 Silphidae

# 中国覆葬甲 *Nicrophorus sinensis* Ji

成虫体长15～25mm。体黑色。复眼突出，黑色锤状触角，触角共10节，末端3节颜色稍淡，呈暗灰色。前胸背板梯形，盘区有横沟、纵沟将其分成6个独立的区域。鞘翅长方形，末端平截，无法覆盖腹板末端。鞘翅基部、端部各具1条波浪状橙色斑纹。

本种主要取食小型哺乳类和鸟类的尸体，在搜寻到尸体后会将其埋在土壤下，为“埋葬虫”的典型代表。成虫将卵产在尸体上，幼虫孵化后即以此为食。

成虫（曹亮明摄）

鞘翅目 Coleoptera ▸ 葬甲科 Silphidae

# 隧葬甲 *Silpha perforata* Gebler

成虫体长15～20mm。体黑色。头小，有细密刻点。前胸背板宽大，呈上窄下宽的梯形，有金属光泽。鞘翅密布刻点，各具3条几乎纵贯鞘翅的脊，鞘翅侧缘较为光滑。

成虫（曹亮明摄）

成虫（曹亮明摄）

鞘翅目 Coleoptera ▸ 阎甲科 Histeridae

# 乌苏里扁阎甲 *Hololepta amurensis* Reitter

成虫体长7mm左右。体长椭圆形，扁平，表面有黑色烤漆反光，跗节、下颚须及触角红褐色。前胸背板弧状，鞘翅两侧中部向内凹陷。前臀板两侧具略密集的浅纵线和圆形刻点，臀板密布略粗大的圆形刻点。

本种偶见于倒伏树木内部和树皮大片剥落的直立木的树皮下，本种捕食性，或捕食小蠹幼虫及腐生性双翅目幼虫。

成虫（曹亮明摄）

鞘翅目 Coleoptera ▸ 郭公虫科 Clerinae

# 黄褐郭公虫 *Opilo luteonotatus* Pic

成虫体长9mm左右。体褐色，触角、腿节基部及腹面黄褐色。鞘翅纵向排列3枚黄色斑，后两枚有时扩大相连。下颚须末节扩大呈斧状。

本种在塞罕坝地区7—8月可见，多出现在被蚜虫取食而卷曲的大麻叶片内。

成虫（曹亮明摄）

鞘翅目 Coleoptera ▸ 郭公虫科 Clerinae

# 中华毛郭公 *Trichodes sinae* Chevrolat

成虫体长9～18mm。体蓝黑色，下唇须、下颚须和触角基部黄褐色。小盾片蓝黑色，鞘翅橘红色，每片鞘翅前、中、后各有1条蓝黑色带。体表密被直立毛，头、前胸和鞘翅蓝黑色处被黑色毛，其余部分被白色毛。足、腹部密被黄白色毛。

本种在塞罕坝地区8月可见成虫，多见于菊科杂草花上，取食花粉并在花上交配。雌虫将卵产在切叶蜂、分舌蜂等独栖性蜜蜂的巢穴周围，卵孵化为1龄幼虫后搜寻、进入巢穴内，取食巢穴内的幼虫，直至化蛹，羽化后飞出。

成虫（曹亮明摄）

鞘翅目 Coleoptera ▸ 花萤科 Cantharidae

# 棕缘花萤 *Cantharis brunneipennis* Heyden

成虫体长9～10mm。体黑色，头部黑色。前胸背板近梯形，主体黑色，两侧橙黄色。鞘翅及足均为黑色。雄虫足的外爪基部膨大、内爪细长，雌虫的爪均细长。

本种成虫、幼虫均为捕食性天敌，通常捕食蚜虫、介壳虫等活动能力较弱的害虫。

成虫（曹亮明摄）

鞘翅目 Coleoptera ▸ 花萤科 Cantharidae

# 黑斑丽花萤 *Themus stigmaticus* (Fairmaire)

成虫体长 12～19mm，宽 4～6mm。头、足均为稍具金属光泽的深蓝色，口器黑色，上颚深棕色，基部黄色，触角黑色。前胸背板黄色，中央有 2 枚稍具金属光泽的深蓝色斑。小盾片黑色，鞘翅为具金属光泽的绿色。腹部黄色，各腹节两侧分别具 1 枚小黑斑。

本种成虫、幼虫均为捕食性天敌，通常捕食蚜虫、介壳虫等活动能力较弱的害虫。

成虫（曹亮明摄）

脉翅目 Neuroptera ▸ 褐蛉科 Hemerobiidae

# 点线脉褐蛉 *Micromus linearis* Hagen

成虫体长 6～7mm。头黄褐色，复眼黑褐色，后缘各有 1 枚三角形褐色斑。触角窝前缘有 1 条弧状黑色细纹，前幕骨陷黑色明显。触角、上颚均为黄褐色，触角长度超过 55 节。胸部黄褐色，前胸背板两侧具褐色纵纹，中部具向内尖突的褐色斑，中后胸背板短片两侧各有 1 枚褐色圆形斑。足黄褐色，跗节末端颜色加深。

成虫（曹亮明摄）

**脉翅目** Neuroptera ▸ **褐蛉科** Hemerobiidae

## 脉褐蛉 *Micromus* sp.

体型小。触角超过 50 节，触角、前胸、足均为黄褐色，前翅前缘具不相连的褐色斑，翅脉连接处多深褐色，腹部黄白色。

成虫（曹亮明摄）

**脉翅目** Neuroptera ▸ **蚁蛉科** Myrmeleontidae

## 褐纹树蚁蛉 *Dendroleon pantherinus* (Fabricius)

成虫体长 22～32mm。体黄褐色。头顶隆起，中央有 2 枚黑褐色斑，后方有 2 枚圆形黑褐色斑；复眼灰黑色，上有黑色斑。触角黄褐色、棒状，柄节、梗节黑褐色，鞭节约 35 节。前胸背板密被黑色短毛。足细长，前足基节、腿节外侧黑色，内侧黄色。胫节端部黑色，胫节中央有 1 枚小黑斑，其余部分黄色。

成虫（曹亮明摄）

# 朝鲜东蚁蛉 *Euroleon coreanus* Okamoto

成虫体长 31～34mm。头浅褐色，头顶有多块黑斑，两复眼内侧各有 4 块横条斑由上至下排列，头顶中央偏上 1 对纵条斑沿中缝对称，复眼有黄色金属光泽，散布小黑斑。额黄色，下颚须褐色，颜色逐渐加深。胸部黄褐色，前胸背板黑褐色，上有黑色和白色短毛，背板中央有 1 条黄色中纵带，中纵带前端两侧各有 1 枚黄斑。中后胸黑色，背板边缘有黄色窄边。

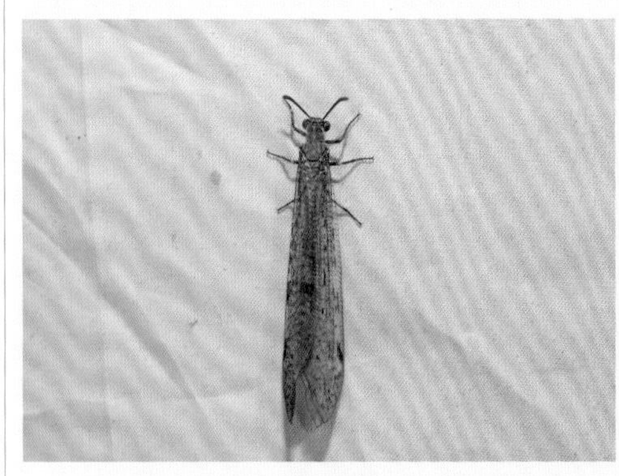

成虫（曹亮明摄）

成虫（曹亮明摄）

成虫（曹亮明摄）

脉翅目 Neuroptera ▸ 草蛉科 Chrysopidae

# 丽草蛉 *Chrysopa formosa* Brauer

成虫体长 8～11mm。体绿色。头部具 9 枚黑褐色斑。触角第 1 节绿色，第 2 节黑褐色，其余褐色。前胸背板两侧有褐色斑及黑色刚毛，基部有 1 条横沟，横沟两端有“V”形黑色斑。中胸、后胸背板绿色，盾片后缘两侧各具 1 枚褐色斑。足绿色，胫节端部、跗节和爪褐色，爪基部弯曲。

成虫（曹亮明摄）

成虫（曹亮明摄）

脉翅目 Neuroptera ▸ 草蛉科 Chrysopidae

# 多斑草蛉 *Chrysopa intima* McLachlan

成虫体长 11mm 左右。体绿色。头顶后缘有 4 枚黑褐色斑，呈“X”形。颊有 1 枚黑褐色条状斑，唇基有 1 枚黑褐色弧状斑。前胸背板两侧各有 2 枚近三角形褐色斑。中胸背板有 5 枚黑褐色斑。后胸背板前端有 2 枚黑褐色斑，后侧有 2 枚不明显褐色斑。足基节、转节黄色，腿节及胫节黄绿色，跗节黄褐色，爪基部膨大、弯曲。

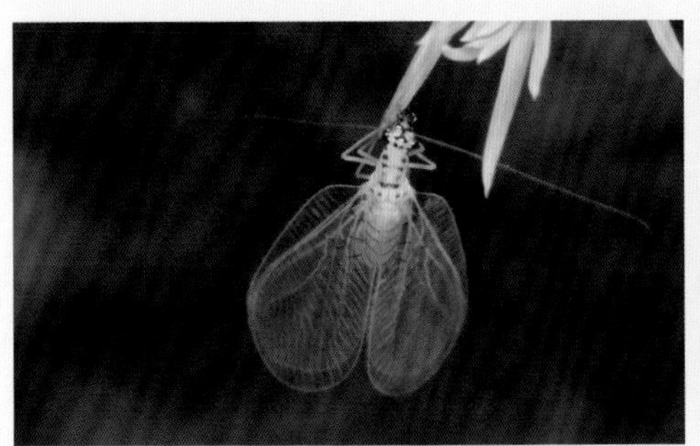
成虫（曹亮明摄）

成虫（曹亮明摄）

# 双突盲蛇蛉 *Inocellia biprocessus* Liu, Aspöck, Yang & Aspöck

头部近长方形，黑褐色，复眼后侧缘 2 对浅褐色的楔形斑，头顶中央具 1 对赤褐色纵斑，其两侧具 2 枚小斑；唇基黄褐色。复眼灰褐色。围角片及触角均暗黄色。口器浅褐色。胸部黑褐色；中后胸背板中央暗黄色，小盾片后半部具黄色横斑。足黄色，密被黄色短毛，但基节浅褐色。翅无色透明，翅痣和翅脉浅褐色。

蛹（曹亮明摄）

幼虫（曹亮明摄）

幼虫（曹亮明摄）

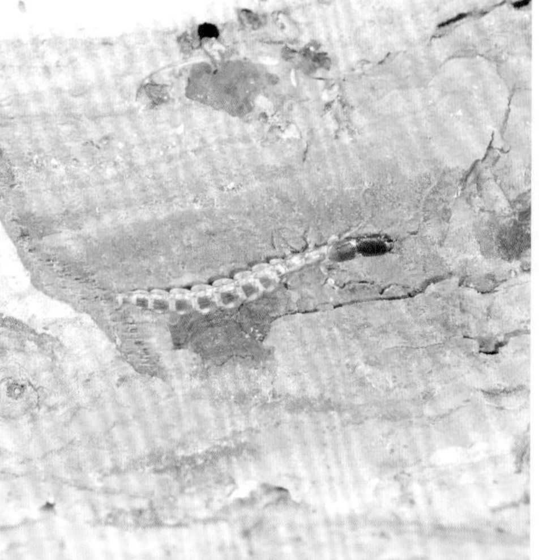

幼虫（曹亮明摄）

**蛇蛉目** Raphidioptera ▸ **蛇蛉科** Raphidiidae

# 黄痣蛇蛉 *Xanthostigma xanthostigma* (Schummel)

头部卵圆形，后部略缢缩，黑色，略带绿色；头顶中部具1条不明显的赤褐色纵条纹，唇基黄色。复眼灰褐色。口器黄色，上颚端半部赤褐色。前胸背板较细长、黄色，两侧具1对黄褐色条纹。足黄色，密被黄色长毛和褐色短毛。翅无色透明；翅痣浅黄色，中部具RA分支；翅脉褐色，纵脉基半部黄色。

成虫（大唤起分场，国志锋摄）

**双翅目** Diptera ▸ **蜂虻科** Bombyliidae

# 亮带斑翅蜂虻 *Hemipenthes nitidofasciata* (Portschinsky)

头部黑色，后头前缘有1列直立的褐色毛。胸部肩胛被黄色长毛，中胸背板前缘被成排的黄色长毛。足黑色，跗节深黄色。翅半黑色，半透明，透明部分包括整个$r_4$室和$m_2$、$r_{2+3}$、$r_5$、$m_1$、cu-$a_1$、dm、$r_1$、cup、a室的部分。翅室$r_1$中透明部分近半圆形，翅室$r_4$中透明部分三角形；黑色部分由$m_1$室延伸入$m_2$室至近翅缘。

本种幼虫外寄生于蜂类或捕食其他昆虫，有时重寄生于鳞翅目、膜翅目和双翅目寄生物体内。

成虫（曹亮明摄）

成虫（曹亮明摄）

双翅目 Diptera ▸ 蜂虻科 Bombyliidae

## 绒蜂虻 *Villa* sp.

体通常被淡黄色的毛，尤其在胸部；腹部被显著的条带状斑，腹部背板侧面常有成簇的黑色鳞片。头部圆形或椭圆形略隆起。触角鞭节洋葱状，端部有1跗节。前足胫节被短鬃和刺，爪垫缺如。翅最多在基部有1窄的暗色区域。雄虫常有1簇银色的鳞片在基部。

本种幼虫外寄生于蜂类或捕食其他昆虫，有时重寄生于鳞翅目、膜翅目和双翅目寄生物体内。

成虫（三道河口分场，国志锋摄）

双翅目 Diptera ▸ 蜂虻科 Bombyliidae

## 河北斑翅蜂虻 *Hemipenthes hebeiensis* Yao, Yang & Evenhuis

头部黑色，颜被浓密的黑色和黄色的毛，后头边缘处被1列直立的黄褐色毛。触角鞭节褐色，洋葱状。肩胛被黑色和黄色的长毛，中胸背板侧背片被1簇黄毛，翅后胛有4根黄色鬃。中足和后足的腿节和胫节被黄色鳞片。翅半黑色，半透明，透明部分包括整个$r_4$室和$r_5$、$r_{2+3}$、$m_1$、$m_2$、dm、cu-$a_1$、cup、a、$r_1$室的部分。翅室$r_1$中透明部分近矩形，翅室a端部的透明部分近三角形。

本种幼虫外寄生于蜂类或捕食其他昆虫，有时重寄生于鳞翅目、膜翅目和双翅目寄生物体内。

成虫（三道河口分场，国志锋摄）

双翅目 Diptera ▸ 食蚜蝇科 Syrphidae

# 灰带管食蚜蝇 *Eristalis cerealis* Fabricius

成虫体长 12～13mm。复眼密被细毛，上半部毛褐色，下半部毛淡色。触角第 3 节暗褐色，触角芒基半部羽毛状。中胸灰黑色，中部及后缘各有 1 条灰粉色横带。腹部有 5 条横带，第 2 节黑斑"工"字形，第 3 节黑斑呈"山"字形，前足胫节基部黄色其余均为黑色。

成虫（曹亮明摄）

成虫（曹亮明摄）

双翅目 Diptera ▸ 食蚜蝇科 Syrphidae

# 长尾管食蚜蝇 *Eristalis tenax* (Linnaeus)

成虫体长 11～14mm。复眼具毛。头顶黑色，具黑毛。脸黄色，具黄色毛。触角暗褐色，第 3 节卵形。小盾片褐色，被长毛。足黑色，被褐色毛。腹部第 2 节两侧具黄褐色长椭圆形斑，2、3 节节间缝黄褐色。

成虫（曹亮明摄）

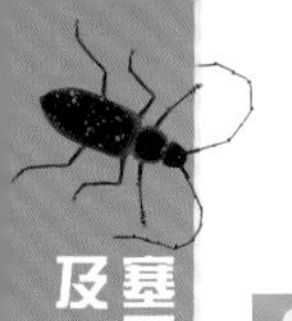

双翅目 Diptera ▸ 食蚜蝇科 Syrphidae

## 新月斑优食蚜蝇 *Eupeodes luniger* (Meigen)

成虫体长 9～11mm。体黑色。头顶被有黑色短毛。复眼无毛。触角黑色，第 3 节长于基部 2 节之和。胸部有暗红色金属反光，着生有黄色短毛。小盾片棕色，足红褐色，各足腿节基部黑色。腹部第 2～4 节各具 1 对不相连的黄色斑，第 5 节黄褐色，中央具黑斑。

成虫（曹亮明摄）

双翅目 Diptera ▸ 食蚜蝇科 Syrphidae

## 凹带优食蚜蝇 *Eupeodes nitens* (Zetterstedt)

成虫体长 10mm 左右。体黑色。雄虫两眼相接，雌虫两眼分离且额有倒“Y”形黑色斑。中胸背板黄蓝黑色反光，着生有黄色短毛。小盾片黄色，边缘被黄色短毛，其余位置被黑色短毛。腹部第 2～4 节各具 1 对黄色斑，第 2 节的 2 枚斑不相连，第 3、4 节两斑相连呈波浪形。

成虫（大唤起分场，国志锋摄）

双翅目 Diptera ▸ 食蚜蝇科 Syrphidae

# 白斑蜂蚜蝇 *Volucella pellucens tabanoides* Motschulsky

成虫体长 11～14mm。额突出，复眼红褐色，触角芒基部着生，羽状。中胸背板方形，中央黑色，具短而密的毛。小盾片边缘具长鬃。翅中部及端部具黑斑。腹部宽，基部具白色横斑，具白色毛，端半部黑色。

本种在塞罕坝地区 8 月花朵上可见成虫。

成虫（曹亮明摄）

双翅目 Diptera ▸ 寄蝇科 Tachinidae

# 怒寄蝇 *Tachina nupta* (Rondani)

成虫体长 12mm 左右，触角前 2 节红黄色，触角其余部分黑色。胸部黑色，侧缘自肩胛至翅后肩胛黄褐色，小盾片整体黄褐色、基缘黑色。腹部红黄色，背部中线有 1 枚黑纵斑，第 1 节倒三角形，其余为中部略有凹陷的矩形。

本种在塞罕坝地区 6—8 月可见，常寄生夜蛾科幼虫体内。

成虫（千层板分场，曹亮明摄）

双翅目 Diptera ▸ 寄蝇科 Tachinidae

# 中介筒腹寄蝇 *Cylindromyia brassicaria* (Fabricius)

成虫体长10mm左右，触角棒状，触角芒在中部，黑色。头顶中央具黑色纵斑，两侧白色。复眼裸，褐色。前胸及中胸背板具长鬃毛，黑色。翅透明，稍显狭长，基部近前缘带黄褐色，腹部筒形，可见3节，第1节背板中央具向后的黑色凸纹，其余部分红色，第2节完全红色，第3节完全黑色。

成虫（曹亮明摄）

膜翅目 Hymenoptera ▸ 茧蜂科 Braconidae

# 刻柄茧蜂 *Atanycolus* sp.

头部大部分区域橘黄色，额区及单眼附近具大面积倒三角形斑黑色；下颚须、下唇须、复眼淡褐色；触角、胸部各节、足、产卵器黑色；翅乌黑色；腹部第1节背板中央黑色，侧缘三角形区域黄色，腹部第2节背板中央倒三角形区域突起黑色，其余部分橘红色，腹部其他腹节橘红色。触角基外缘明显突出，触角51～52节，柄节长为宽的2.0倍，端部下缘强烈向前突出，鞭节各节约等长。

蛀干害虫寄生蜂，在塞罕坝地区各晾木场堆砌的原木周围飞行产卵，主要寄主为吉丁类害虫的幼虫。

成虫（曹亮明摄）

成虫（曹亮明摄）

# 刻鞭茧蜂 *Coeloides* spp.

成虫体长 3.5 ~ 7.5mm。触角鞭节第 1 ~ 3 节端部向外延伸突出，腹面向内不同程度刻入。头、胸、腹光滑无刻纹。触角柄节卵圆形，端部不凹入。中胸盾纵沟弱，不完整，并胸腹节光滑。

蛀干害虫寄生蜂。本种在塞罕坝地区主要寄生小蠹虫、象甲或吉丁虫的幼虫上，在各晾木场堆砌的原木周围飞行产卵。

成虫（曹亮明摄）

成虫（曹亮明摄）

成虫（千层板分场，曹亮明摄）

膜翅目 Hymenoptera ▸ 茧蜂科 Braconidae

# 长体茧蜂 *Macrocentrus* sp.

成虫体长 4.0～5.5mm。体黑褐色至黑色；脸、腹部、并胸腹节褐色；足黄色。复眼大，向两侧突出；触角 45～48 节，前胸背板侧面光滑；中胸盾片侧方具浅稀刻点，中叶具毛，小盾片侧方光滑；盾片中叶稍隆起，前方弧形下斜；盾纵沟深，后部汇合处有 1 个纵脊；小盾片前凹内深。腹部具粗纵刻纹。

蛀果害虫或食叶害虫寄生蜂。

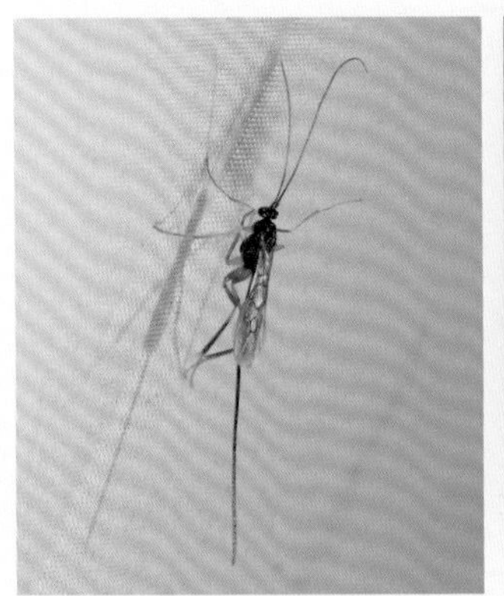
成虫（曹亮明摄）

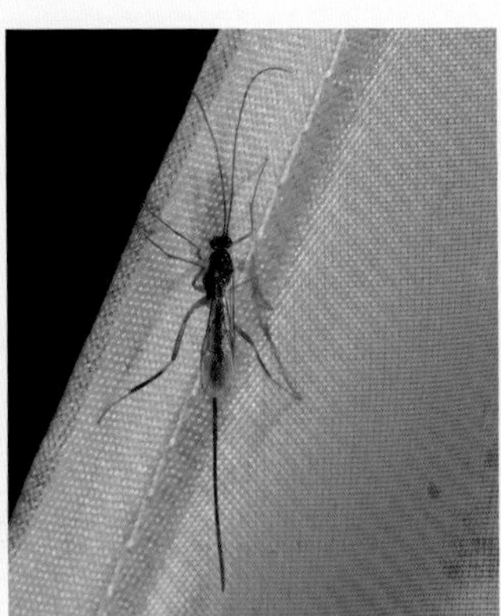
成虫（曹亮明摄）

成虫（曹亮明摄）

膜翅目 Hymenoptera ▸ 茧蜂科 Braconidae

# 黄愈腹茧蜂 *Phanerotoma flava* Ashmead

成虫体长 7～8mm。体黄褐色；触角暗褐色。头近立方形；触角 23 节，鞭节各节长均大于其宽。唇基具刻点，颚眼距长于上颚基宽。胸部具强皱，小盾片具刻点，并胸腹节具不规则细网皱，有 1 个齿状侧突，后方陡斜。

寄生食叶害虫幼虫。

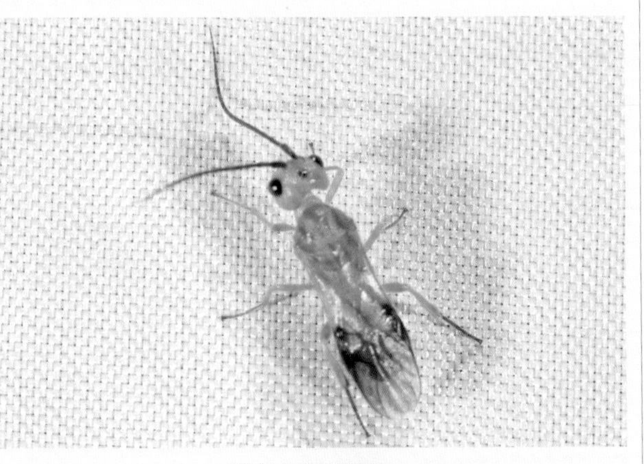
成虫（曹亮明摄）

膜翅目 Hymenoptera ▸ 茧蜂科 Braconidae

# 愈腹茧蜂 *Phanerotoma* sp.

成虫体长 5～7mm。体白色具黑色纹。头方形，复眼大，触角 22～23 节。头顶中央具三角形黑斑，后头黑色。中胸盾片前方中央黑色，两侧黑色。前、中足均为黄白色，后足腿节、胫节端半黑色。前翅中央具黑色斑。

寄生食叶害虫幼虫。

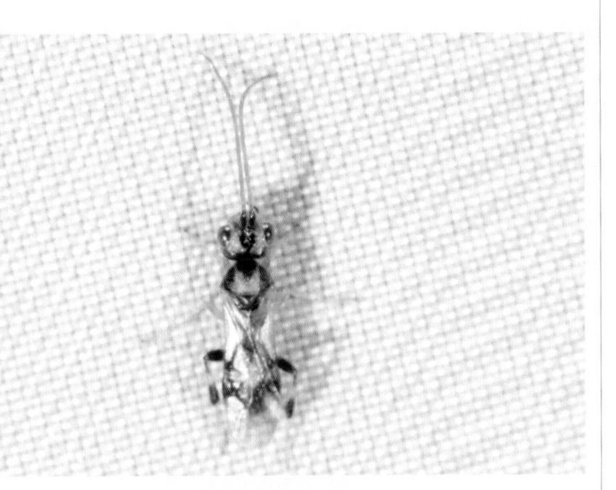

成虫（曹亮明摄）

膜翅目 Hymenoptera ▸ 姬蜂科 Ichneumonidae

# 皱背姬蜂 *Rhyssa* sp.

成虫体长25mm左右，产卵管鞘长35mm左右。体黑色，腹部第1节背板与腹板分离，有侧基凹；中足第2转节腹面无纵脊。雌虫腹部第2～4节腹板中央各有1对瘤状突；唇基端缘中央有1个瘤状突，侧方无突起。后胸侧板后方有白斑，后足基节颜色有变化为黑褐色或黄褐色，后足胫节、跗节黑褐色，转节、腿节黄褐色。

通常寄生树蜂幼虫，但也有寄生天牛幼虫的记录。

成虫（曹亮明摄）

成虫（曹亮明摄）

膜翅目 Hymenoptera ▸ 姬蜂科 Ichneumonidae

## 白星姬蜂 *Vulgichneumon* sp.

成虫体长 7～14mm。雌虫有较长的丝状触角，触角末端稍尖。体黑色，小盾片白色，腹部第 2、3 节背板强烈拱起且相当骨化，具较粗且明显的刻点。腹部末端尖，后柄部中区明显，周围有隆脊，界限分明，具稀疏刻点，有时为不规则微弱纵刻条，偶尔光滑，第 2 背板窗疤深浅。

本属单寄生夜蛾科、螟蛾科的蛹，幼虫、蛹、羽化等过程均在寄主体内完成，羽化完成后咬穿蛹壳。

成虫（曹亮明摄）

膜翅目 Hymenoptera ▸ 姬蜂科 Ichneumonidae

## 拟瘦姬蜂 *Netelia* sp.

前翅长 5～23mm。体黄色至红褐色，也有褐色或黑色的种类。上颚扭曲，下齿稍小。复眼、单眼均较大，复眼内缘有沟经过触角窝与侧单元相连或几近相连。

本属主要寄生于土中化蛹的鳞翅目幼虫。

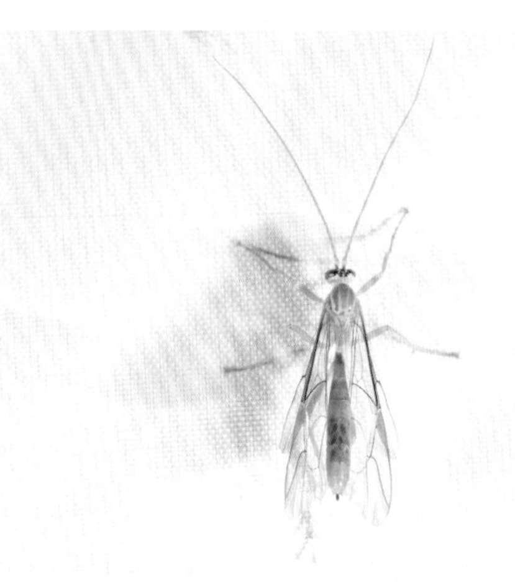

成虫（曹亮明摄）

膜翅目 Hymenoptera ▸ 姬蜂科 Ichneumonidae

## 细颚姬蜂 *Enicospilus* sp.

成虫体长12～30mm。体黄褐色。复眼、单眼黑色。触角长，几于身体等长，鞭节49～56节。翅透明，翅痣和翅脉黑褐色。中胸盾片拱凸，侧板粗糙，上方具刻点，下方呈条纹。小盾片中拱，并胸腹节基横脊完整，前区具刻条，后区具网状纹。腹部细长，雌虫产卵器长，长于腹部长度。

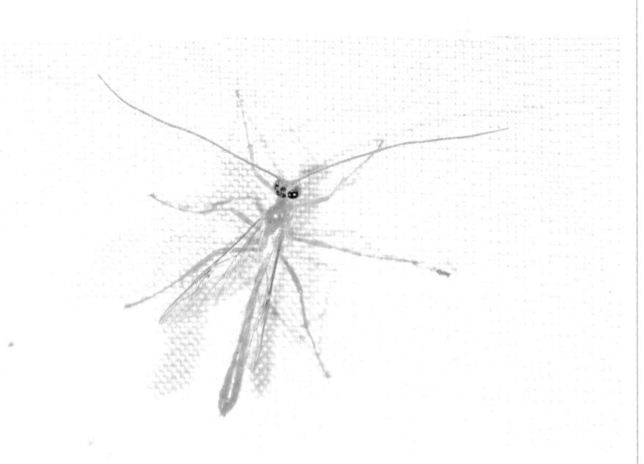

成虫（曹亮明摄）

膜翅目 Hymenoptera ▸ 长尾小蜂科 Torymidae

## 长尾小蜂 *Torymus* sp.

成虫体长一般较长，连同产卵器体长可达15mm以上，个别种类体长甚至可达到30mm。体色多变，具强烈金属光泽。触角线状，具1环状节、7索节，共13节。前胸短，约为中胸盾片的1/2。盾纵沟深，小盾片长卵圆形。中胸侧板后缘常呈缺刻状。足较长，后足腿节显著膨大。前翅具宽大的前缘室，缘脉较亚缘脉短，痣脉较短，末端略变粗，后缘脉长约为痣脉的2倍。腹部与胸部近乎等长，产卵器通常比体长更长。

本属寄主种类多样，可以寄生鞘翅目、鳞翅目、双翅目或其他膜翅目昆虫的卵、幼虫和蛹。

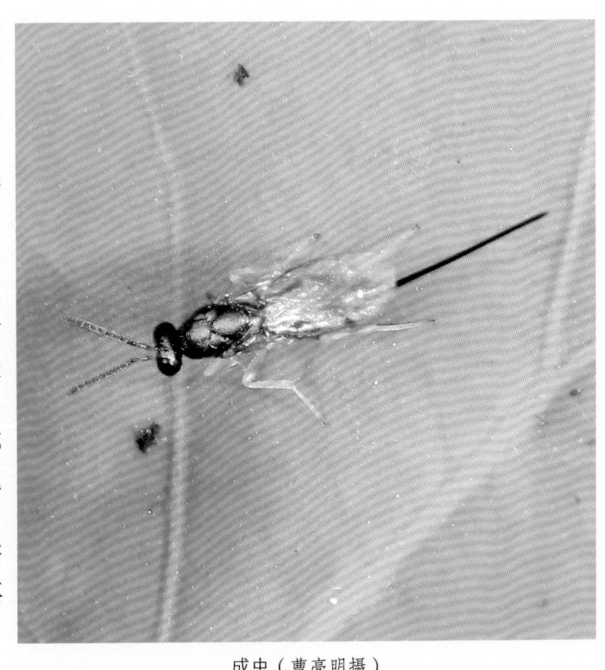

成虫（曹亮明摄）

膜翅目 Hymenoptera ▸ 胡蜂科 Vespidae

## 柞蚕马蜂 *Polistes* (*Polistes*) *gallicus* (Linnaeus)

成虫体长 15～20mm。触角窝前、后方各有 1 条黄色横带，复眼后侧有 1 条黄色纵带，头部其余部分黑色。中胸背板黑色，有 2 个黄色斜纵斑。小盾片矩形，黑色，有基部有 2 枚黄色横斑。后小盾片呈横带状，外半部黄色。并胸腹节黑色，两侧及沟两侧各有 1 条黄色纵带。腹部第 1 节基部黑色，端部具 1 条黄色横带；第 2 节端部具 1 条黄色横带，中部两侧各具 1 枚黄斑；3～5 节端部均具 1 条黄色横带。

成虫（曹亮明摄）

膜翅目 Hymenoptera ▸ 蚁科 Formicidae

## 日本弓背蚁 *Camponotus japonicas* (Mary)

工蚁分大型、中型、小型 3 种。大型工蚁体黑色，长 12.3～13.8mm。头部大，近三角形，头后缘平直。头与并腹胸具稀疏黄色倾斜毛，后腹部倾斜毛和倒覆毛稠密，并具白色柔毛被。上颚咀嚼具 5 齿。唇基中叶突出，中脊不明显，前缘平直。触角窝远离唇基。并腹胸背面呈连续弓形。前中胸背板平坦，并胸腹节急剧侧扁。腹柄结节薄，鳞片状，顶端圆。中型小工蚁体长 7.4～10.9mm。

本种在塞罕坝地区林间捕食舞毒蛾幼虫。

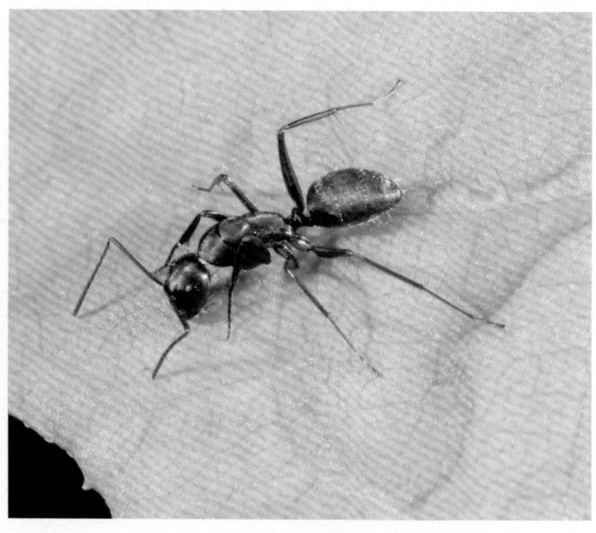

成虫（曹亮明摄）

# 小蠹蒲螨 *Pyemotes scolyti* (Oudemens)

体长 100～260μm。体色淡黄色，树皮下肉眼可见身体圆球形。调查时在小河边两株受小蠹虫危害的云杉上发现，云杉已经发黄枯死，皮下仍有大量小蠹虫幼虫和成虫存活。发现时小蠹蒲螨叮刺在寄主身上，寄主不食不动但没有腐烂，整个木段上的 80% 以上小蠹虫幼虫均有蒲螨寄生。带回室内饲养，蒲螨不寄生大麦虫和黄粉虫，但可寄生落叶松八齿小蠹。

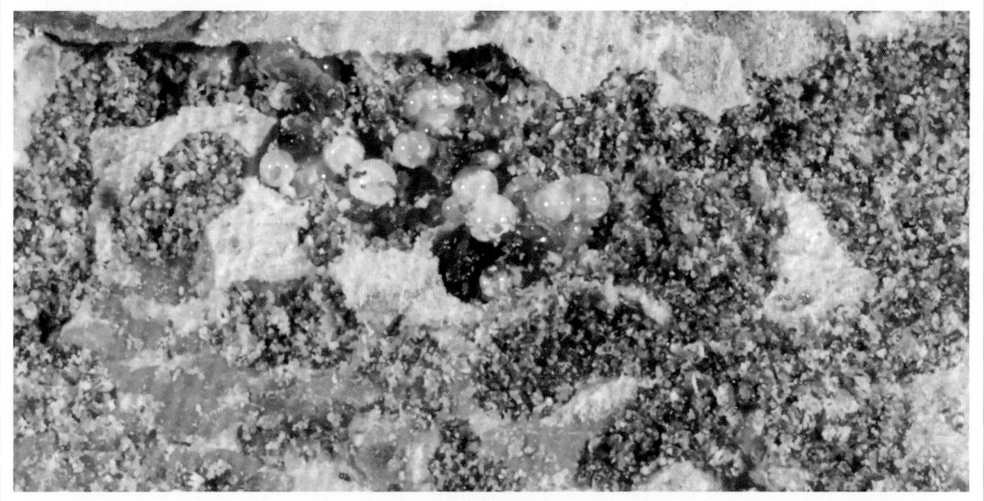

寄生状（曹亮明摄）

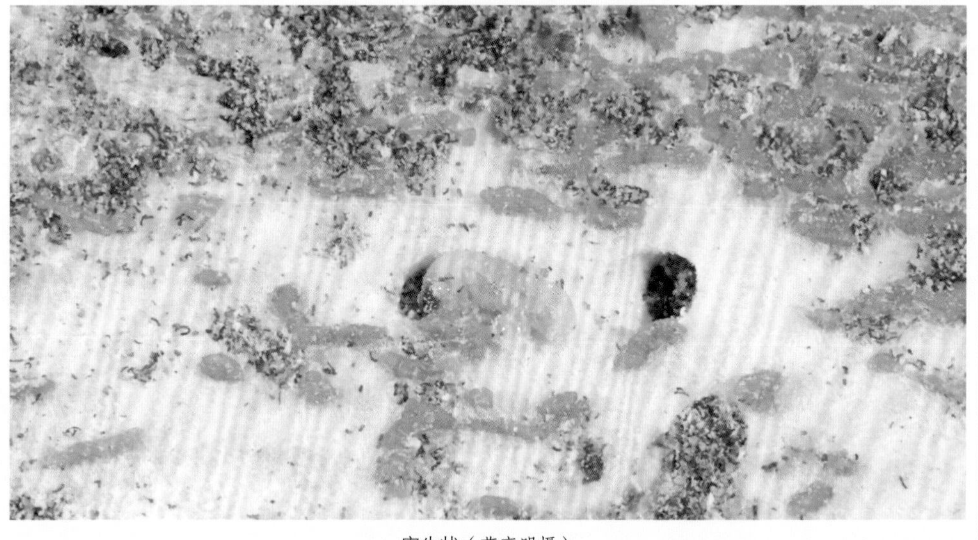

寄生状（曹亮明摄）

# 中文索引

## A



## B



## C

D



F

## G



## H

## J



## K



## L

## M



## N



## P



## Q

R



S



T



W

## X



## Y

Z

# 拉丁文索引

## A

## B



## C

## D



## E



## F

## G



## H



## I



## K



## L

## M



## N

## O



## P

## R



## S



## T

## U



## V



## X



## Z

# “塞罕坝森林和草原有害生物调查及天敌多样性研究”项目实地调研锦集

北曼甸林场
石庙子营林区